总主编 伍 江　副总主编 雷星晖

李 征　何敏娟　著

钢木混合结构竖向抗侧力体系抗震性能研究

Seismic Performance of the Lateral Load
Resisting System in Timber-Steel Hybrid
Structures

同济大学出版社
TONGJI UNIVERSITY PRESS

内 容 提 要

　　本书提出了一种以钢作框架、木作楼盖和墙体的多层钢木混合结构体系,并采用结构试验、数值模拟和可靠度分析相结合的方法,对钢木混合结构竖向抗侧力体系的性能进行了全面研究。具体内容包括材料性能及连接节点试验研究、钢木混合结构抗侧力性能试验研究、钢木混合结构数值模拟、钢木混合抗侧力体系参数分析和钢木混合抗侧力体系地震可靠度分析。

　　本书可供从事建筑结构性能研究的设计人员以及相关专业高校师生参考阅读。

图书在版编目(CIP)数据

钢木混合结构竖向抗侧力体系抗震性能研究 / 李征,何敏娟著. —上海:同济大学出版社,2017.8
　(同济博士论丛 / 伍江总主编)
　ISBN 978 - 7 - 5608 - 6997 - 1

　Ⅰ.①钢… Ⅱ.①李… ②何… Ⅲ.①建筑结构-钢结构-木结构-混合-抗侧力结构-抗震性能-研究 Ⅳ.
①TU398②TU352.1

中国版本图书馆 CIP 数据核字(2017)第 093797 号

钢木混合结构竖向抗侧力体系抗震性能研究

李　征　何敏娟　著
出 品 人　华春荣　　　责任编辑　姚晨辉　熊磊丽
责任校对　徐春莲　　　封面设计　陈益平

出版发行	同济大学出版社　www.tongjipress.com.cn
	(地址:上海市四平路 1239 号　邮编:200092　电话:021 - 65985622)
经　　销	全国各地新华书店
排版制作	南京展望文化发展有限公司
印　　刷	浙江广育爱多印务有限公司
开　　本	787 mm×1092 mm　　1/16
印　　张	12.75
字　　数	255 000
版　　次	2017 年 8 月第 1 版　　2017 年 8 月第 1 次印刷
书　　号	ISBN 978 - 7 - 5608 - 6997 - 1

定　　价　61.00 元

"同济博士论丛"编写领导小组

"同济博士论丛"编辑委员会

袁万城　莫天伟　夏四清　顾　明　顾祥林　钱梦騄
徐　政　徐　鉴　徐立鸿　徐亚伟　凌建明　高乃云
郭忠印　唐子来　阎耀保　黄一如　黄宏伟　黄茂松
戚正武　彭正龙　葛耀君　董德存　蒋昌俊　韩传峰
童小华　曾国苏　楼梦麟　路秉杰　蔡永洁　蔡克峰
薛　雷　霍佳震

秘书组成员： 谢永生　赵泽毓　熊磊丽　胡晗欣　卢元姗　蒋卓文

总　序

　　在同济大学110周年华诞之际,喜闻"同济博士论丛"将正式出版发行,倍感欣慰。记得在100周年校庆时,我曾以《百年同济,大学对社会的承诺》为题作了演讲,如今看到付梓的"同济博士论丛",我想这就是大学对社会承诺的一种体现。这110部学术著作不仅包含了同济大学近10年100多位优秀博士研究生的学术科研成果,也展现了同济大学围绕国家战略开展学科建设、发展自我特色,向建设世界一流大学的目标迈出的坚实步伐。

　　坐落于东海之滨的同济大学,历经110年历史风云,承古续今、汇聚东西,秉持"与祖国同行、以科教济世"的理念,发扬自强不息、追求卓越的精神,在复兴中华的征程中同舟共济、砥砺前行,谱写了一幅幅辉煌壮美的篇章。创校至今,同济大学培养了数十万工作在祖国各条战线上的人才,包括人们常提到的贝时璋、李国豪、裘法祖、吴孟超等一批著名教授。正是这些专家学者培养了一代又一代的博士研究生,薪火相传,将同济大学的科学研究和学科建设一步步推向高峰。

　　大学有其社会责任,她的社会责任就是融入国家的创新体系之中,成为国家创新战略的实践者。党的十八大以来,以习近平同志为核心的党中央高度重视科技创新,对实施创新驱动发展战略作出一系列重大决策部署。党的十八届五中全会把创新发展作为五大发展理念之首,强调创新是引领发展的第一动力,要求充分发挥科技创新在全面创新中的引领作用。要把创新驱动发展作为国家的优先战略,以科技创新为核心带动全面创新,以体制机制改革激发创新活力,以高效率的创新体系支撑高水平的创新型国家建设。作为人才培养和科技创新的重要平台,大学是国家创新体系的重要组成部分。同济大学理当围绕国家战略目标的实现,作出更大的贡献。

大学的根本任务是培养人才,同济大学走出了一条特色鲜明的道路。无论是本科教育、研究生教育,还是这些年摸索总结出的导师制、人才培养特区,"卓越人才培养"的做法取得了很好的成绩。聚焦创新驱动转型发展战略,同济大学推进科研管理体系改革和重大科研基地平台建设。以贯穿人才培养全过程的一流创新创业教育助力创新驱动发展战略,实现创新创业教育的全覆盖,培养具有一流创新力、组织力和行动力的卓越人才。"同济博士论丛"的出版不仅是对同济大学人才培养成果的集中展示,更将进一步推动同济大学围绕国家战略开展学科建设、发展自我特色、明确大学定位、培养创新人才。

面对新形势、新任务、新挑战,我们必须增强忧患意识,扎根中国大地,朝着建设世界一流大学的目标,深化改革,勠力前行!

万　钢

2017 年 5 月

论丛前言

　　承古续今，汇聚东西，百年同济秉持"与祖国同行、以科教济世"的理念，注重人才培养、科学研究、社会服务、文化传承创新和国际合作交流，自强不息，追求卓越。特别是近20年来，同济大学坚持把论文写在祖国的大地上，各学科都培养了一大批博士优秀人才，发表了数以千计的学术研究论文。这些论文不但反映了同济大学培养人才能力和学术研究的水平，而且也促进了学科的发展和国家的建设。多年来，我一直希望能有机会将我们同济大学的优秀博士论文集中整理，分类出版，让更多的读者获得分享。值此同济大学110周年校庆之际，在学校的支持下，"同济博士论丛"得以顺利出版。

　　"同济博士论丛"的出版组织工作启动于2016年9月，计划在同济大学110周年校庆之际出版110部同济大学的优秀博士论文。我们在数千篇博士论文中，聚焦于2005—2016年十多年间的优秀博士学位论文430余篇，经各院系征询，导师和博士积极响应并同意，遴选出近170篇，涵盖了同济的大部分学科：土木工程、城乡规划学（含建筑、风景园林）、海洋科学、交通运输工程、车辆工程、环境科学与工程、数学、材料工程、测绘科学与工程、机械工程、计算机科学与技术、医学、工程管理、哲学等。作为"同济博士论丛"出版工程的开端，在校庆之际首批集中出版110余部，其余也将陆续出版。

　　博士学位论文是反映博士研究生培养质量的重要方面。同济大学一直将立德树人作为根本任务，把培养高素质人才摆在首位，认真探索全面提高博士研究生质量的有效途径和机制。因此，"同济博士论丛"的出版集中展示同济大学博士研究生培养与科研成果,体现对同济大学学术文化的传承。

"同济博士论丛"作为重要的科研文献资源,系统、全面、具体地反映了同济大学各学科专业前沿领域的科研成果和发展状况。它的出版是扩大传播同济科研成果和学术影响力的重要途径。博士论文的研究对象中不少是"国家自然科学基金"等科研基金资助的项目,具有明确的创新性和学术性,具有极高的学术价值,对我国的经济、文化、社会发展具有一定的理论和实践指导意义。

"同济博士论丛"的出版,将会调动同济广大科研人员的积极性,促进多学科学术交流、加速人才的发掘和人才的成长,有助于提高同济在国内外的竞争力,为实现同济大学扎根中国大地,建设世界一流大学的目标愿景做好基础性工作。

虽然同济已经发展成为一所特色鲜明、具有国际影响力的综合性、研究型大学,但与世界一流大学之间仍然存在着一定差距。"同济博士论丛"所反映的学术水平需要不断提高,同时在很短的时间内编辑出版110余部著作,必然存在一些不足之处,恳请广大学者,特别是有关专家提出批评,为提高同济人才培养质量和同济的学科建设提供宝贵意见。

最后感谢研究生院、出版社以及各院系的协作与支持。希望"同济博士论丛"能持续出版,并借助新媒体以电子书、知识库等多种方式呈现,以期成为展现同济学术成果、服务社会的一个可持续的出版品牌。为继续扎根中国大地,培育卓越英才,建设世界一流大学服务。

伍 江

2017 年 5 月

前　言

　　木材自然生长,是一种可循环利用的天然资源。相比于其他常见建筑材料,木材及其制品在生产和加工过程中,对环境产生的不利影响较小,因此,木材可以被认为是一种绿色建筑材料。且木结构建筑质量轻,抗震性能好,适合用于地震多发地区。然而,传统轻型木结构体系由于自身体量和高度的限制,不适合在人口密集、土地资源少的地区应用。因此,本书提出了一种以钢作框架、木作楼盖和墙体的多层钢木混合结构体系。通过木楼盖、木剪力墙和轻质高强的钢框架结构相结合,使这种混合结构具有绿色节能、可工业化生产、施工速度快、抗震性能好等优点。钢木混合结构的抗侧力体系由木剪力墙填充在钢框架中构成,二者协同工作,共同抵抗地震、风等对结构的侧向作用。本书采用结构试验、数值模拟和可靠度分析相结合的方法,对钢木混合结构竖向抗侧力体系的性能进行了全面研究。

　　首先,我们对两个足尺钢木混合结构模型进行了往复加载试验研究,考察了钢木混合结构竖向抗侧力体系在侧向荷载下的刚度、强度、极限承载力、延性和滞回特性等,同时得到了其变形特征和破坏模式,并基于试验结果对钢框架和木剪力墙的协同工作性能进行研究。研究结果表明,侧向荷载下,钢木混合结构竖向抗侧力体系的破坏始于木剪力墙的面板钉连接,继而随着结构侧移增大以及钢构件的屈服,结构达到承载能力极限状态。钢木混合结构抗侧力体系具有较好的延性。对钢木协同工作性能来说,在结构侧移较小时,木剪力墙对钢框架的抗侧刚度有很大提高作用,并承担了混合体系中的大部分剪力;然而,随着试件层间位移增大,木剪力墙呈现出明显的刚度和强度退化特性,其在混合体系中承担剪力的比例逐渐减小,此时,结构抗侧承载力主要由钢框架提供。

在试验研究的基础上,我们采用有限元手段建立了钢木混合结构的数值模型。然而,通用有限元软件中并没有相应单元可对木剪力墙在侧向荷载下的滞回特性进行模拟。因此,本书在 ABAQUS 有限元软件中,基于 HYST 算法,通过特殊单元子程序接口开发了用户自定义非线性弹簧单元,首次实现在通用有限元软件中采用 HYST 算法模拟木剪力墙的抗侧力性能。经过数值模拟结果与试验结果的对比可知,开发的自定义单元可较好模拟钢木混合结构中木剪力墙的抗侧力性能,且结构整体数值模型计算结果与试验吻合较好,特殊单元子程序与 ABAQUS 结合稳定,计算收敛性好。继而,采用经试验结果校核的数值模型,对形式各异的钢木混合抗侧力体系进行了参数分析。考察了木剪力墙与钢框架侧向刚度比和钢木连接等参数对混合体系抗侧力性能的影响;讨论了在这些参数下,钢框架和木剪力墙的协同工作性能。计算结果显示:采用更强的木剪力墙时,钢木混合抗侧力体系的承载力和刚度有明显提高;同时,木剪力墙在混合体系中承担剪力的比率和耗能比率也有所提高。对钢木间连接的研究表明,在混合体系中为使木剪力墙的结构作用充分发挥,应在设计中保证钢木连接具有足够的抗剪承载力。

在工程结构在设计、施工和使用过程中,往往存在影响结构安全、适用和耐久的不确定性。在抗震设计中,需结合地震和结构体系中存在的诸多不确定性对结构的可靠度进行评估。结合试验结果和相关规范条文,本书根据中国规范中的多遇地震、设防烈度地震和罕遇地震三个地震水准,确定了钢木混合抗侧力体系基于侧移的结构性能目标。同时,按中国强震区考虑,选取相应历史地震记录,采用所建立的数值模型,对钢木混合抗侧力体系进行了增量动力分析。继而,本书分别采用易损性分析方法和响应面法对钢木混合抗侧力体系的地震可靠度进行计算。研究结果显示,钢木混合抗侧力体系的可靠度指标合理,且安装更强木剪力墙的混合抗侧力体系具有更高的可靠度指标。两种可靠度计算方法对结构失效概率和可靠度指标的估计非常接近,但它们又各具优点,应结合实际情况灵活应用。最后,本书还对钢木混合抗侧力体系基于概率的结构设计方法进行了探讨。选取结构侧移和钢木连接中的剪力作为结构设计的性能指标,基于非线性时程分析结果,建立了钢木混合抗侧力体系基于概率的性能曲线,并通过实例说明性能曲线在结构设计中的用法。

目 录

第1章
绪　论

1.1　引　言

1.1.1　建筑业节能减排的需求

中国拥有世界上最大的建筑市场,建筑总面积已超过 400 亿 m^2。未来 20 年,建筑用能将成为我国能源消费的主要增长点[1]。2012 年,联合国环境规划署发布了建筑与气候变化决策者摘要报告,报告显示建筑行业年温室气体排放占全球年温室气体排放的 30%,并消耗了全球 40% 的能源,如果不采取任何措施,未来 20 年内,建筑行业的温室气体排放量将达到现在的两倍以上,因此必须在全球建筑行业执行更为严格的标准控制碳排放。统计数据显示,作为我国国民经济支柱产业的建筑业,是高能耗、高碳排放的大户。我国民用建筑的建造和使用过程消耗了社会水资源和原材料总量的 50%,同时产生了 42% 的温室气体排放。民用建筑在建材生产、建造和使用过程中,能耗占全社会总能耗的 49.5%,其中,建材生产能耗占 20%,建造能耗占 1.5%,使用能耗占 28%[2-5]。目前我国的建筑结构主材如混凝土、钢材、砖砌体等都属于高耗能材料;另外,施工过程中大量的现场作业不仅使施工质量难以保证,而且耗费人力物力,增加能源消耗。我国建筑业的现状迫使我们寻找更环保节能的建材和更高效的施工方式。

木材为自然生长,只要合理开采、种植,相对于其他建筑材料,被认为是一种可以循环利用的天然资源[6]。相对混凝土、钢和砌体材料,木材及其制品在原材料获取、生产、加工、运输、供应等环节所需要的能量均较小。因为钢材、水泥的生产往往要历经采掘、冶炼、煅烧等过程,这必然会消耗大量的热能并造成环境污染。木材的加工则多是物理过程,不涉及相变或其他复杂过程,不像水泥、红砖的烧制过程会排放二氧化碳、二氧化硫及大量粉尘。此外,木材在加工过程中产生的废弃物和废木制品以及建筑木制品垃圾,可以综合利用和多次循环使用,不产生剩余物,对环境少污染。木材在生长过程中吸收二氧化碳,放出氧气。正在迅速成长的森林是吸收二氧化碳的主体,可持续发展的林业所提供的永不枯竭的森林资源可使空气质量更加清新。木材还具有良好的隔音和隔热性能,研究表明:若达到同样的保温效果,木材需要的厚度是混凝土的 1/15,是钢材的 1/400。由此可知,以木材或木制品作为墙体材料的建筑,其冬季取暖和夏季空调能耗将大幅降低。在使用同样的保温材料时,木结构比钢结构的保温性能好 15%～70%,这意味着不仅建筑能耗将大大降低,而且居住环境也将得到显著提高[7]。此外,木结构的施工多为预制构件现场组装,这样,不仅施工质量容易控制,而且可减少现场作业,提高生产效率,降低能源消耗。

1.1.2 木结构建筑的抗震性能

近年来,国内外地震频繁,具有发生频率高、震级大等特点。地震给人民的生命和财产安全带来了巨大威胁。2008 年 5 月,四川汶川 8.0 级地震造成近 10 万人死亡,40 万人受伤;2010 年 4 月,青海玉树 7.1 级地震造成 2 000 余人死亡,1 万余人受伤;2013 年 4 月,四川雅安发生 7.0 级地震,造成 1 万余人伤亡。然而,多次针对日本、美国、加拿大等地的震害调查表明,木结构建筑在地震中有着很好的表现,发生人员伤亡率较低。

汶川 8.0 级地震中,砖混结构、框架砌体结构和框架结构房屋均遭到严重破坏。震后调研结果显示[8-10]:对于框架-砌体结构房屋,其结构体系大多比较混乱,框架和砌体承重墙抗侧力构件的承载力和变形不协调,平面抗侧刚度亦不均匀,从而导致这类结构的震害现象主要为底部框架由于变形集中而破坏,或上部砌体结构墙体被剪坏;对于混凝土框架结构,其结构主体的震害一般较轻,主要破坏发生在围护结构和填充墙中。对这些破坏类型,其震后修复的工作量很大,费用很高。另外,许多房屋的倒塌除了建造年代久远外,施工质量不合格也是非常重要的原因。大量砌体结构没有按照规范要求进行设计和施工,加之结构自重较大,从而导致强震下结构倒塌,造成了大量人员伤亡。然而,在汶川地震中,除了少数年久失修的木结构建筑发生倒塌外,绝大多数木结构建筑只发生了轻微破坏甚至完好无损。图 1-1 为汶川地震后在四川省都江堰市中国青城别墅实拍的房屋照片。其中图 1-1(a)、图 1-1(b)为轻型木结构住宅,几乎完好无损;图 1-1(c)为相邻的混凝土框架结构,可见其填充墙发生严重破坏。图1-2(a)为震后都江堰市区内某多层砌体结构发生局部倒塌的情况,而同位于都江堰市区的混凝土木屋架厂房结构则基本保持完好,如图 1-2(b)所示。

(a) 木结构住宅　　　　(b) 木结构内部　　　　(c) 混凝土框架结构

图 1 - 1　汶川地震后都江堰市青城别墅实拍

(a) 多层砌体结构局部倒塌　　　　(b) 木屋架结构基本完好

图 1 - 2　汶川地震后都江堰市区房屋破坏情况

在木结构广泛应用的美国、加拿大和日本都存在高烈度地震区,多次震害调查研究表明,木结构建筑重量轻、耗能能力强,具有良好的抗震性能[11,12]。如1964 年发生在美国阿拉斯加州威廉王子湾的大地震,是北美有史以来最强烈的地震之一(里氏 8.4 级)。尽管它的震级极高,但死亡人数只有 131 人,并且其中的 122 人是死于由地震引起的海啸。阿拉斯加大学地球物理研究所对 1964 年地震中的低死亡率有如下的解释:该次地震中有 131 人死亡;其中在阿拉斯加州有 115 人,在俄勒冈州和加利福尼亚州有 16 人死亡。强震所造成的低死亡率主要是因为当地人口密度低,以及多数房屋所使用的建筑材料是木材。在美国加利福尼亚州,公立学校 80% 的建筑均采用轻型木框架结构体系。1994 年美国加利福尼亚州北岭地震,震级 6.7 级,其特点是水平和竖向的地面峰值加速度较大,多处超过 1.0 g,超过设计规定的 0.8 g 地面峰值加速度。这次地震造成了住宅、商业以及公共设施的严重破坏。然而,多为木结构的校园建筑遭毁坏的情况则并不严重,这主要是因为校舍大都是低层木框架结构。1995 年,日本里氏 7.3 级阪神地震,是近年来最为严重的地震灾害之一。地震造成的经济损失达 1 000 亿美元,6 000 多人死亡。在这次地震中采用轻型木结构体系建造的 8 000 多幢住宅,无一幢倒塌。图 1 - 3 显示了阪神地震后一轻型木结构房屋和其相邻砌体结构房屋的破坏情况。可以看到,同样位置的房屋由于其结构体系不同,在地震下具有截然不同的表现。图 1 - 4 为 2011 年新西兰基督城 5.8 级地震后拍摄的一栋轻型木结构房屋,可见虽其底层经历了相当大的层间侧移,但仍未出现结构整体或局部倒塌的破坏模式。综上所述,木结构建筑在地震中造成的人员

图 1 - 3　阪神地震后的轻型木结构和砌体结构房屋(日本,1995)

图 1 - 4　基督城地震后的轻型木结构房屋(新西兰,2011)

死亡率很低。在强烈地震中,绝大多数轻型木框架房屋表现出优异的抗震性能,极大地保护了人们的生命和财产安全[13]。

相比较于传统钢筋混凝土和钢结构房屋,轻型木框架结构房屋的两个比较突出的优点决定了其优异的抗震性能:① 房屋自身重量较轻,因此,在相同大小的地震加速度作用下,结构受到的水平作用力较小;② 现代木结构房屋体系多由大量的金属连接件连接而成,结构的冗余度很高,因此,地震作用下结构具有良好的耗能性能和变形能力。

1.2 国内外木结构建筑的应用概况

木材,作为一种古老的建筑材料曾经在我国建筑中被广泛应用,木结构建筑在我国也曾是一种主要的建筑结构形式。早在 3 500 年前,我国就开始形成了用榫卯连接梁柱的框架体系,流传至唐代逐渐成熟。随着北宋的《营造法式》、清代《工程做法》等书籍的出版,我国古代木结构建筑已经发展成为一个独特而高度成熟的建筑结构体系[14]。我国木结构灵活的风格、合理的布局、适宜的建筑体量以及精巧的装修在世界享有盛誉,是世界五大最古老的建筑结构体系之一[15]。古代木结构建筑保存近千年的有应县木塔、五台山佛光寺等,如图 1-5 所示。另外,还有北京故宫古建筑群、曲阜三孔等一批古建筑,这些古建筑是中华民族历史文化遗产的重要组成部分,在国际上久负盛名,具有极高的历史、艺术和科学价值,并被誉为东方建筑之瑰宝。

(a) 应县木塔(建于 1056 年)　　　　(b) 五台山佛光寺（建于 857 年）

图 1-5 中国古代木结构建筑

20世纪50年代后期,由于木材加工简便,又可以就地取材,大批砖木结构建筑在我国涌现,其一度占到我国新建房屋总量的46%。城市建设的加速带来了乱砍滥伐和毁林开荒,我国出现了林业资源匮乏和木材短缺的状况[16]。到20世纪80年代,我国的结构用木材采伐殆尽,森林资源非常紧张。随着砖石、钢筋混凝土结构和钢结构的发展,砖木结构逐渐被上述的结构形式替代,并且当时我国亦没有足够的外汇储备从国际市场购买木材,以至于木结构在我国逐步被停止使用,因此,木结构建筑的发展在中国停滞了20多年。

随着我国国民经济的发展,政府考虑到人们对居住环境的重视和对木结构房屋的需求,自1998年起,采取了一系列鼓励木材进口的措施,大量进口在建设中得到广泛应用的规格材和工程木制品。自那时起,国外木结构房屋已悄然进入我国的主要消费城市。虽然为数不多,但其推广回归自然的健康住宅理念,为中国用户提供了房屋建筑的更多选择,引起了消费者的广泛关注。

近年来,随着我国对建筑物节能减排的日益重视和国外现代木结构产品及技术的引进,木结构在中国得到越来越多的关注。北京、上海等城市先后建造了一些木结构住宅和木结构城市景观建筑。汶川地震后,由同济大学倡议并发起在四川省都江堰市建造的向峨小学(图1-6),是我国第一所校舍全部采用现代木结构建筑的小学,该学校已于2009年8月正式投入使用[17,18]。汶川地震中,大量中小学校舍倒塌,造成了较大人员伤亡。该木结构校舍工程的建设为我国提高中小学校舍的抗震性能提供了一个从建筑材料和建筑结构体系角度的解决方案,对于今后类似的工程建设具有很强的参考价值和示范作用。

| (a) 整体效果图 | (b) 小学宿舍楼 |

图1-6 向峨小学

此外,木结构建筑在我国公共建筑和住宅中的应用也日渐广泛,如图1-7(a)所示的上海世博会园区温哥华馆,采用了胶合木梁柱结构体系,图1-7(b)所示的南京汤山温泉别墅度假村项目,则采用了轻型木结构体系。

(a) 上海世博会温哥华馆　　　　　　　　(b) 南京汤山温泉别墅

图 1-7　木结构建筑在现代中国的应用

　　与此同时,为了促进木结构的发展,自 2004 年起,我国相继出台或修编了《木结构设计规范》《木结构工程施工质量验收规范》《木结构试验方法标准》《木骨架组合墙体技术规范》《胶合木结构设计规范》《村镇木结构住宅技术规程》和《木结构设计手册》等。在制订与当前木结构建筑相适应的系列规范和标准的同时,木结构设计施工人员的培养也受到重视,一些院校也添设了木结构的相关课程。我国的木结构建筑开始复苏并逐渐步入快速发展阶段。

　　中国木结构建筑研究停顿的 20 年,也正是国际上木结构建筑发展最快的时期。从轻型木结构、实木结构到胶合木结构,再到复合木结构、木组合结构和木混合结构,其应用形式已经超出了人们传统概念上的木结构。在欧美地区和日本等发达国家,木结构的大量研究与应用还同时促进了森林资源采伐和利用的良性循环,形成了成熟的森林管理体系[19]。现代木结构主要分为轻型木结构和重木结构两种结构形式。轻型木结构是一种由断面较小的规格材均匀密布连接组成框架,之后,根据不同的受力要求铺上结构面板,形成墙体、楼面和屋面等,并最终形成的空间箱形建筑体系,多用于住宅建筑中。这种结构形式使构件之间能相互作用,承受各种荷载并最终将荷载传递到基础上。同时,在结构中构件之间的位置尺寸也按同样的模数规范化布置。这就使得轻型木框架建筑从构件制造、结构设计到施工均能形成标准化,在最大限度上保证了施工的质量和速度,从而有效降低了建造成本。现今,加拿大英属哥伦比亚省规范已经将轻型木结构的层数限制提高到 6 层,而日本新发布的木结构设计规范也将其木结构建筑的层数限制提高到 5 层。重木结构主要采用胶合木或大断面的原木作为结构材,其特征表现在构件尺寸较大,通常采用梁柱形式,通过各种连接件将建筑的各部件连接起来,多用于大型公共建筑和商业建筑中[20]。

在北美,木结构处于市场主导地位,被广泛地应用于住宅、厂房、学校、旅馆、商业建筑和体育馆中。美国每年新建独户别墅约113.8万幢,其中,90%采用木结构,在33.8万幢多层住宅中,大多数也采用木结构;在加拿大,木材工业是国家支柱产业之一,其木结构住宅的工业化、标准化和配套安装技术非常成熟[21];在北欧的芬兰和瑞典,90%的民居为一层或两层的木结构建筑;在亚洲的日本,大量的住宅是利用木材、胶合木建造的,即使在人口稠密的东京地区也是如此,目前,日本新建住宅房屋中,有半数以上采用的是木结构[22]。

上述梁柱木结构和轻型木结构体系在欧美等发达国家较为常见,并被广泛应用。而如今,随着新的建造技术和木材加工技术的发展,欧美国家木结构的应用已经逐渐向多高层建筑、大跨度公共建筑发展,并已经有为数不少的工程实例。如采用Cross Laminated Timber(CLT)建造的多高层木结构建筑,采用木混合、组合结构技术建造的多高层木结构建筑,以及采用胶合木建造的拱、穹顶等大跨度木结构建筑。这些新的木结构材料和体系已经突破了原有木结构建筑在高度、跨度上的限制,成为木结构发展和研究的新方向。

Cross-laminated timber也称交错层压木,于20世纪90年代在德国被发明,是一种新型木建筑材料,主要采用窑干的杉木指接材,经分拣和切割成木方,正交(90°)叠放后,使用高强度材料胶合成实木板材,可按要求定制面积和厚度,如图1-8(a)所示。CLT的特点是将横纹和竖纹交错排布的规格木材胶合成型。交错层积木材板的加工步骤与其他的工程实木产品有相似之处。交错层积木材板是通过将连续垂直背胶层木堆积而成;然后使用较大的水压或真空压力机使那些堆积的层木压成相互紧锁的木板;在某些情况下,需再用计算机数控控制机器对压制后的木板进行进一步加工,使其形成所需的建筑构件。不同生产商生产的交错层压木材有所差异,这主要取决于木料种类、级别和木层的大小、胶水类型和连接工艺等细节。每一块压制好木板的木片层数可以有3～7片,甚至更多,木板的厚度为100～400 mm,适合应用于木结构建筑的楼板和墙体。图1-8(b)为2009年在英国伦敦建造的9层CLT木结构建筑[23],其整个结构木结构部分的施工周期仅为49周,相比于同体量混凝土结构节省了一半时间。另外,其施工安装队仅由4名木工组成,因其结构构件大都采用工厂预制、现场安装技术,不仅施工质量容易控制,也大大节省了现场作业量,降低了人力成本。图1-8(c)为墨尔本的一栋10层CLT木结构建筑,仅就建筑材料来讲,该木结构相比于同体量混凝土结构减少了1 400 t的碳排放,同时,具有更优的保温性能,节约了整个建筑的能源消耗。

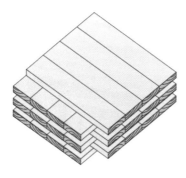  

(a) CLT 木材示意图　　　(b) 伦敦 9 层木结构（2009）　(c) 墨尔本 10 层木结构（2012）

图 1-8　CLT 与已建成的 CLT 木结构建筑

　　与此同时，国外还建造了许多多层木混合/组合建筑，将木材与其他结构材料结合，以获得更好的结构性能。图 1-9（a）为一建造于加拿大魁北克城的 6 层木混合结构，其主体结构为胶合木梁柱体系，并由一混凝土电梯井为结构提供抗侧力。研究表明，混合结构中不同材料结构构件的连接对结构性能有重要影响，同时也需考虑不同材料间变形不协调而引起的结构使用问题[24]。图 1-9（b）为在日本建造的 5 层木组合结构建筑，其构件均采用型钢外包胶合木的组合形式，外包胶合木不仅可为钢构件提供失稳支撑，还可有效提高结构的耐火时间[25]。

(a) 加拿大魁北克城 6 层木混合结构（2010）　　　(b) 日本 5 层木组合结构（2004）

图 1-9　国外木混合/组合结构

另外,木结构建筑在国外亦多用于建造大跨度公共建筑,如体育馆、滑冰场等,其不仅造型多变,还给人以亲近自然的美感,如图 1－10 所示。在加拿大、新西兰等国,政府为鼓励木结构建筑的发展,都予以建筑商资助,从而推动绿色建筑在公共建筑中的应用。

(a) 加拿大温哥华冬运会滑冰馆   (b) 日本登大路会场网壳结构

(c) 美国北亚利桑那大学体育场   (d) 德国慕尼黑滑冰馆

图 1－10　国外的大跨度木结构建筑

1.3　国内外木结构建筑的研究进展

近年来,随着木结构房屋在我国部分城市的发展,国内部分科研院校相继开展了一系列有关木结构相关领域的科研工作。

在木结构构件、部件的研究方面,刘伟庆等[26-28]对工程木梁、FRP 加固木梁和木柱进行了试验研究,建立了三向受压木柱的屈服准则及屈服面发展方程,提出了 FRP 木梁界面黏结剪应力和极限荷载等的计算公式。谢启芳等[29,30]通过试验和理论研究分析了传统木结构榫卯节点经碳纤维布和扁钢加固后的破坏特征和滞回性能,提出了在任意荷载作用下两者之间的界面黏结应力计算公式。张晋等[31]对超役木构件进行了无损检测和试验,确定其剩余强度,并评估了其损伤状况。

在有关轻型木结构的研究方面,祝恩淳等[32]、陈松来等[33]、何敏娟等[34-41]对轻型木结构中的钉连接和齿板连接进行试验,研究了不同构造参数对连接强度、刚度和滞回性能的影响。宋晓滨、黄浩等[42-45]对轻型木桁架的系统效应进行了研究。陆伟东等[46]对梁柱式榫卯木框架的抗侧力性能进行了试验研究,祝恩淳等[47]对轻型木结构剪力墙抗侧力性能进行了试验与有限元分析。何敏娟等[48]对采用国产材料建造的轻型木剪力墙的结构性能进行了试验研究,验证了轻型木结构材料国产化的可行性。刘雁等[49]通过拟静力试验研究了不同上部刚度对木框架剪力墙受力性能的影响,认为荷载传递梁的刚度对木框架剪力墙的破坏模式和抗侧承载力有直接影响。谢启芳等[50-53]对一种自主开发的轻型定向秸秆板-榫卯连接木骨架剪力墙的抗侧力性能进行了研究,认为该类墙体有较好的变形能力,但耗能性能欠佳。周海宾等[54-56]对轻型木结构房屋中的木框架剪力墙隔声及木楼盖振动控制的相关领域开展了一些开创性研究,并取得了一些非常有意义的成果。

在木结构抗震性能方面,赵鸿铁等[57,58]探讨了国内外古木建筑的抗震性能,并按照《营造法式》制作了我国古代殿堂式木结构建筑心间缩尺模型,进行了模拟振动台试验研究。吕西林等[59]对一幢两层、长宽高为 6 m×6 m×6.3 m 的木框架房屋进行了 67 个工况的振动台试验,结果表明,轻型木结构房屋具有良好的抗震性能,钉连接节点为往复作用下的结构耗能提供了保证。何敏娟等[60]采用自定义非线性弹簧单元模拟轻型木结构中的钉连接,建立了轻型木结构的整体三维数值模型,通过地震时程分析,提出了轻型木结构抗震设计中的层间位移角限值建议值。李昌春等[61]对梁柱式木结构框架的抗震性能进行了试验研究,了解了这类木结构框架的破坏特征及耗能性能。陈国等[62]通过振动台试验,研究了与木结构性能相似的竹结构住宅抗震性能,并将竹墙体试验结果与木结构房屋振动台试验做了对比分析。

在木混合结构体系的构建方面,熊海贝等[63]对一个下部一层钢筋混凝土框架结构、上部两层轻型木结构的三层结构模型进行了振动台试验,试验结果表明,结构整体抗震性能良好,自振频率主要由上部木结构决定。何敏娟等[64,65]提出了混凝土框架-木楼盖混合结构和钢木混合结构的概念,指出木楼盖的抗侧刚度和不同材料分体系间的协同工作性能对此类结构的抗侧力性能有重要影响。

可以看到,国内针对木结构建筑的研究还处在起步阶段,对于木结构中,各类金属连接件承载能力、钉连接节点和螺栓连接节点的承载能力及数学模型、木基组合结构材料以及多高层木结构体系的开发和设计方法等方面的研究,都有待于进一步的深入。

然而,国外在木结构方面的研究非常广泛,内容遍及构件、连接、墙体、楼板以及整体性能等各个方面。随着城市规模增大、节地要求提高,国外木结构研究人员不断尝试用木结构建造更高的建筑。围绕建造多、高层木结构这一主题,欧美学者在抗风、抗震、抗火和振动控制等方面取得了很多进展。早在1995年,英国建筑技术研究机构 Building Research Establishment(BRE)就开展了题为"Timber frame 2000"的关于多高层木结构的研究[66,67]。他们在自己的实验室中建造了一幢6层木结构建筑(图1-11),通过试验方法,研究了结构的刚度、隔音性能和耐火性能,同时提出了防止多高层木结构部分损坏后坍塌的概念,考察了荷载作用下结构构件和非结构构件变形不协调时,可能出现的影响结构使用的相关问题。

图1-11 "Timber frame 2000"的6层木结构建筑

瑞士研究机构(Swiss Federal Institute of Technology)开展了关于多、高层木结构防火的研究,其研究结果为瑞士木结构规范将木结构层高限制提高到6层提供了理论依据[68]。同时,他们指出,防火问题是限制木结构向多、高层发展的最主要因素,且对于位于建筑较高处的楼层,防火问题更加重要。因此,对于高层木结构房屋,还提出了结构设计中要包含使火灾范围可控的设计理念,以此保证火灾过后木结构建筑的完整性和安全性。

1999 年,日本开展了以东京大学(The University of Tokyo)和 Building Research Institute 为首的为期 5 年的木基混合结构(Timber-based hybrid structure)研究工作。此研究的主要目的是克服木材应用于多高层建筑中的障碍,如强度不够和较差的耐火性能等[69,70]。主要研究内容有:开发强度较高的木基组合结构构件,如图 1 - 12(a)所示;石膏板对结构抗火性能的贡献;胶合木结构抗火性能研究;碳纤维加强的胶合木连接节点以及一些概念性木基混合结构抗侧力性能试验如图 1 - 12(b)所示。另外,他们还对一两层梁柱式木结构体系与混凝土筒体体系的混合木结构模型进行了推覆试验,试验结果表明结构的破坏主要发生于混凝土、木连接节点处。

(a) 碳纤维板加固胶合木　　　　　(b) 木混合结构抗侧力性能试验

图 1 - 12　日本的木基混合结构研究

2000 年,新西兰 University of Canterbury 开展了关于多高层木结构的研究,研究目的在于为最高达 20 层的木结构提供工程设计参考[71-73]。其研究中的独到之处是,开发了一种基于胶合木和 LVL 的预应力构件,并建造了一幢采用预应力 LVL 为结构构件的 6 层混凝土-木混合结构作为示范和研究用途。以钢筋对木结构梁、柱和墙体施加预应力的技术有效提高了结构的延性和地震下的自平衡性能,研究项目进行了整体结构试验,预应力木结构体系(新西兰)如图 1 - 13所示,并通过在墙体间设置 U 型件以提高结构的耗能性能。

(a) 整体结构试验

(b) 墙体内预应力施加

(c) 墙体间的 U 型耗能件

图 1 - 13　预应力木结构体系(新西兰)

美国国家科学基金会在 2006 年启动了题为"NEESWOOD"的关于多高层木结构的研究项目,其主要目的是研究多高层木结构基于性能的结构设计方法[74-76]。此研究的主要成果之一是,多高层木结构设计中的直接位移法(Direct displacement design),此方法可估计多高层木结构在侧向荷载作用下的位移,并以此为结构设计时的控制指标。同时,根据一基准振动台试验的研究结果,提出了多高层木结构基于性能的结构设计流程,随后采用此方法设计了一幢 7 层高的木结构建筑并进行振动台试验,如图 1 - 14(a)所示。该结构模型在经历 2 500 年一遇的日本阪神地震波后仍未倒塌,表现了很好的抗震性能。2007 年,一幢 7 层 CLT 木结构房屋在日本进行了振动台试验,如图 1 - 14(b)所示。这是意大利关于多高层木结构科研项目"SOFIE"的最终试验,试验结果显示,多层 CLT 木结构具有很好的抗震性能,

(a) NEESWOOD 7 层木混合结构

(b) SOFIE 7 层 CLT 木结构

图 1 - 14　多层木结构的振动台试验研究

该试验旨在检验采用 CLT 建造多高层木结构的可行性[77]。

2010 年,由加拿大 University of British Columbia 和 FPInnovations 牵头的多达五个研究机构共同提出了题为"Innovative Wood Products and Building Systems"的为期 5 年的研究计划[78-81]。此研究旨在推动加拿大多高层木结构、新型木基结构体系和材料的发展,主要分为 4 个部分:交错层压木(CLT)的结构性能和材料分级;木基混合结构体系;木结构建筑的耐火、隔声和振动特性;木结构建筑的耐久性和可持续发展策略。其研究计划指出,多高层木结构应用最大的困难之一就是木结构较差的耐火性能,但是,可以通过木结构与其他结构材料的混合,改善其耐火性能。关于木基混合结构的研究方面,他们提出了一些研究的重点问题,比如,混合结构体系的构建、不同结构材料的协同工作特性以及基于性能的设计理念研究等。

在多高层木结构体系的概念分析方面,2010 年,Van de Kuilen 等[82]提出了一种 30 层及以上的 CLT -混凝土木混合结构体系,如图 1 - 15(a)所示。该结构以位于中心的混凝土核心筒为抗侧力构件。在结构中,每 10 层木结构间采用混凝土厚板分隔,这样,不但提高了结构的整体抗侧刚度,而且可有效防止火灾在结构中的蔓延。其研究结果显示,采用 CLT 的木混合结构在建造超高层建筑中

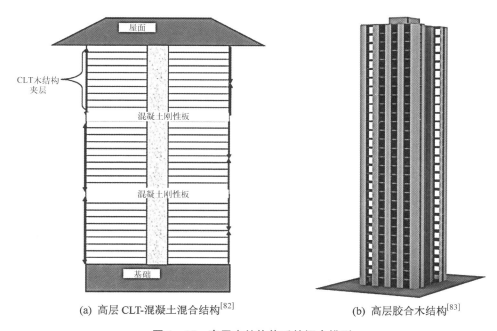

(a) 高层 CLT-混凝土混合结构[82]　　　　(b) 高层胶合木结构[83]

图 1 - 15　高层木结构体系的概念模型

并不存在明显的结构问题,而其经济性、耐火性等均有待进一步明确。2012年, Charters[83]提出了一种如图1-15(b)所示的高度达30层的胶合木结构建筑,并对其结构性能、节点处理、防火性能、环境友好性和经济性作了相关探讨。

1.4 多层钢木混合结构体系

1.4.1 多层钢木混合结构体系

综上所述,我国对木结构的研究仍主要集中在传统木结构和轻型木结构的结构体系和构件性能方面,虽然也开始有少量多高层木结构或木混合结构方面的研究尝试,但总体说来,与欧美等发达国家相比还甚为欠缺。轻型木结构虽然有很多优点,但是,其自身结构体系的特点决定了其大多适用于2~3层的低密度住宅建筑。随着日益增长的城市人口密度和提高土地利用率的需求,多高层木结构体系的研究与开发已经成为当今世界木结构方向的研究重点。如欧美学者近年来对以CLT为主材建造的多高层木结构进行了大量研究,同时,亦积极探索可能的新型多高层木混合结构体系,以适应发展需要。CLT木结构耗用木材较多(1 m^{2}建筑面积约需木材0.1 m^3),对于木材资源相对匮乏的我国还是难以承受。为将木结构应用于多层建筑中,应该根据我国的特点,构建适宜的新型结构体系。

鉴于钢结构生产过程中固体废弃物较少,并可综合利用和多次循环利用,且同木结构一样适用于工厂预制、现场组装,本项目提出将木结构与钢框架结构组合在一起,即在钢框架梁上铺设木楼(屋)盖、在钢框架柱间设置木剪力墙的新型多层混合结构体系。这种混合结构利用了钢框架体系结构效率高、木楼盖抗挠曲变形能力强的特点,可适用于建造多层乃至小高层房屋。以木楼(屋)盖取代钢框架结构中常用的组合楼板,可大大减轻结构自重、减小地震带来的损失、降低基础造价;以轻型木剪力墙替代易裂、保温性能差的砌块墙体,减少甚至取代钢框架结构中的侧向支撑体系,形成新的钢木混合抗侧力体系。目前,国内外对这类新型木混合结构体系受力性能研究很少,且无适用的设计标准,因此,进行系统深入研究很有必要。

1.4.2 水平向结构体系

本书提出了一种钢木混合楼板作为结构的水平向结构体系如图1-16所示。由双拼C型钢作为楼板隔栅,上面铺装40 mm厚规格木材,楼板隔栅与木规格材采用木螺钉相连,规格材间的缝隙以伸缩缝防水胶条填充。为增强楼板的整体性、抗振动性能和防火性能，在木规格材上表面以骑马钉钉装钢筋网片，并浇筑 30 mm 厚聚酯砂浆。

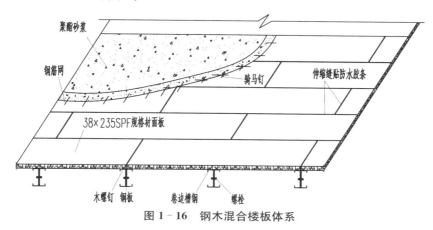

图 1-16　钢木混合楼板体系

该钢木混合楼板的安装剖面如图 1-17 所示。该楼板可按照一定模数（如 3 m×6 m）在工厂预制，现场直接安装在钢框架的钢梁上即可，在楼板双拼钢隔栅之间设置一块钢板，坐落于钢主梁的下翼缘上，并用螺栓连接。因此，该楼板的现场安装工作量仅为拧紧楼板隔栅与钢主梁的连接螺栓，相比混凝土楼板和组合楼板，该楼板体系的应用可大大减少施工现场工作量，加快建造速度。针对该楼板体系的结构性能，亦进行了一系列试验和理论分析工作，主要研究了楼板

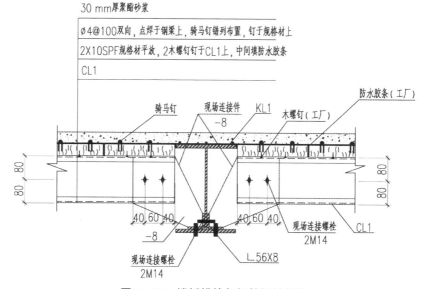

图 1-17　楼板模块与钢柱梁的连接

平面内的刚度、平面内承载力、滞回性能以及极限状态下的破坏模式等。同时，通过足尺寸楼板平面内试验，对平行隔栅加载和垂直隔栅加载方向下楼板的结构性能进行了对比，并得出楼板平面内刚度的估计值。

1.4.3 竖向抗侧力体系

钢木混合结构的竖向抗侧力体系由钢框架内填轻型木剪力墙组成，二者通过螺栓连接，协同工作，共同抵抗地震、风等侧向荷载对结构的作用。轻型木剪力墙是由墙骨柱、顶梁板和底梁板、门窗洞口上的过梁以及覆面板用钉连接而成的。可承受由屋盖和楼盖传来的竖向荷载并传递到基础，并且在建筑中起到分隔的作用。在轻型木结构房屋中，采用木基结构板材的轻型木剪力墙是主要的竖向抗侧力构件。轻型木剪力墙骨架构造如图 1-18 所示，墙体中竖向的墙骨柱通常由截面为 38 mm×89 mm 或 38 mm×140 mm 的规格材组成，中心间距具体尺寸取决于所支撑的荷载以及墙面覆盖材料的类型和厚度，一般是 300 mm，400 mm 或者 610 mm。墙骨柱与水平的顶梁板和底梁板相连，顶梁板和底梁板通常亦采用规格材，其尺寸和等级一般与墙骨柱相同。考虑搁栅或桁架和墙骨柱可能对中不准，在承重墙中通常采用双层顶梁板。上下顶梁板的拼缝应错开至少一个墙骨柱的间距。当剪力墙上方的结构重量不能够满足其受侧向荷载时的抗倾覆要求时，要在剪力墙的角部加设抗倾覆锚固件(Hold-down)。木剪力墙的面板多采用定向刨花板(OSB)以及胶合板，通过钉与墙体骨架相连。考虑到面板可能的膨胀，在同一根墙骨柱上对接的面板在安装时应留有 3 mm 的缝隙。

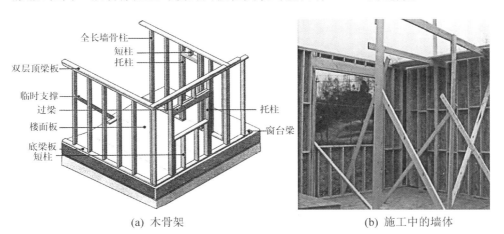

(a) 木骨架   (b) 施工中的墙体

图 1-18 轻型木剪力墙骨架构造

图 1-19 为钢木混合结构竖向抗侧力体系的示意图,轻型木剪力墙作为钢框架的填充墙,与其共同工作,抵抗侧向荷载。在实际应用中,如需要得到更强的墙体抗侧承载力,则可采用双面覆板的内填木剪力墙。

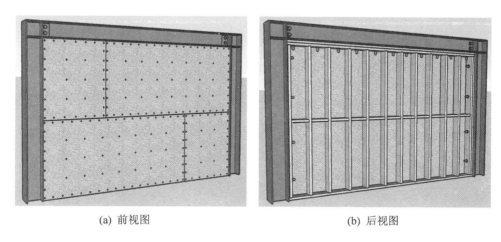

(a) 前视图   (b) 后视图

图 1-19   钢木混合结构竖向抗侧力体系示意图

1.5   研究意义和研究内容

钢结构具有轻质高强、资源可重复利用、工业化生产程度高、绿色施工等特点,因此,本书根据钢材和木材的优点,提出了钢框架-木楼(屋)盖和木剪力墙的混合结构概念,针对该钢木混合结构的研究,获得了我国多高层木混合结构方面的研究成果,并进行了对低碳绿色节能建筑体系的开发与探索。钢木混合抗侧力体系的抗侧力性能对结构体系的抗震性能至关重要,本书将对钢木混合抗侧力体系的抗侧力性能进行阐述。另外,由于木剪力墙的高度非线性,地震中钢木混合结构的自振周期逐渐变大,阻尼比呈逐渐上升趋势,采用固定的结构周期和阻尼比进行结构抗震设计存在一定局限性。因此,有必要针对该类结构建立性能目标函数,通过结构地震可靠度分析,为结构基于性能的设计方法奠定理论基础。本书通过结构整体试验、数值模拟和可靠度分析等手段全面分析钢木混合抗侧力体系的结构性能,这对其他相似结构体系的研究和开发也具有借鉴意义。

本书的研究对象是上述钢木混合结构竖向抗侧力体系的抗侧力性能,研究的技术路线如图 1 - 20 所示。

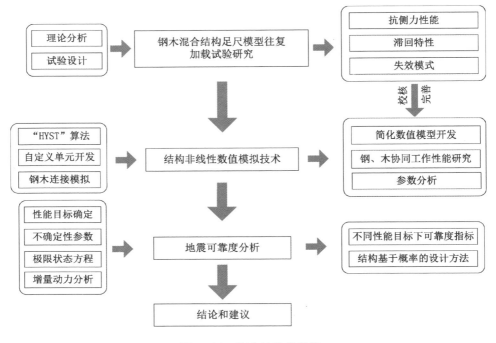

图 1 - 20 研究的技术路线

本书各章节具体内容如下:

第 1 章(绪论):阐述本书的研究背景和意义。首先介绍了我国建筑业节能减排的迫切需求,同时针对近年来较大地震后房屋损坏情况调研结果,对比了木结构建筑和砌体或混凝土建筑的抗震性能。继而介绍了国内外关于木结构建筑的研究现状和现代木结构在国内外的应用情况。提出钢木混合结构的开发背景,介绍钢木混合结构竖向抗侧力体系的构成方式。

第 2 章(材料性能及连接节点试验研究):对钢木混合原型试件中涉及的钢、木材料进行了材料性能试验,以获得相关材料性能参数;同时,针对钢木混合结构中的木剪力墙面板钉连接节点和钢木螺栓连接节点进行了单调和往复加载试验,进而获得连接节点的力学性能,并为后续有限元分析提供基本数据。

第 3 章(钢木混合结构抗侧力性能试验研究):对两个足尺钢木混合结构试件进行往复加载试验研究,得到钢木混合结构竖向抗侧力体系的刚度、强度、变形、耗能和破坏形态,以及其恢复力特性、等效阻尼比和滞回特性等。根据试验结果,考察钢木混合抗侧力体系中钢框架和木剪力墙的协同工作规律,评估两者在不同阶段分别承担剪力和耗散能量的大小,进一步揭示钢木混合体系抗侧力性能的特点。

第 4 章(钢木混合结构数值模拟):基于模拟木剪力墙中钉连接特性的HYST 算法,在通用有限元软件 ABAQUS 中开发相应用户自定义单元子程序,模拟钢木混合结构中木剪力墙的抗侧力性能。建立钢木混合结构的数值模型,采用试验结果对数值模型进行校核,验证数值模型的正确性和稳定性。

第 5 章(钢木混合抗侧力体系参数分析):采用开发的钢木混合结构数值模型,对具有不同结构构造的钢木混合抗侧力体系进行了参数分析。考察内填木剪力墙与钢框架刚度比、钢梁柱连接节点刚度、钢木螺栓连接间距等对混合抗侧力体系抗侧承载力、抗侧刚度和钢木间协同工作性能的影响。对钢木混合抗侧力体系进行非线性动力时程分析,研究在地震激励下,木剪力墙对混合体系抗侧力性能的提高作用。

第 6 章(钢木混合抗侧力体系地震可靠度分析):采用开发的数值模型,对钢木混合抗侧力体系在地震下的可靠度进行研究。首先,根据中国规范中的小震、中震和大震 3 个地震水准,结合试验结果和相关规范条文,确定了钢木混合抗侧力体系基于侧移的结构性能目标。并按中国强震区考虑,选取地震记录进行增量动力分析,以获得不同地震水准下的结构响应,从而建立结构响应数据库。继而,采用易损性分析方法和响应面法两种方法对钢木混合抗侧力体系的地震可靠度进行计算。此外,本章还探讨了现行规范中,基于结构强度抗震设计方法及其存在的局限性,并提出了钢木混合抗侧力体系基于概率的结构设计方法。选取抗侧力体系的侧移和钢木螺栓连接中的剪力作为结构设计的性能指标,考虑不同结构承担重量建立了钢木混合抗侧力体系基于概率的结构性能曲线,并通过实例说明所建立曲线的用法。

第2章
材料性能及连接节点试验研究

　　本章对钢木混合结构原型试验中涉及的钢、木材料进行了材料性能试验,以获得相关材料性能参数;同时,针对木剪力墙中的面板钉连接节点和钢木混合结构中的钢木螺栓连接节点进行了试验研究,以获得其荷载-变形曲线、破坏模式和极限承载力等参数。本章的试验结果将为后续数值模拟提供基本数据。

2.1　钢材材料性能试验

　　钢木混合结构试件模型中,钢框架梁、柱均采用Q235B热轧型钢,对同批次钢材中钢梁、钢柱取材进行材性试验。按照《金属材料室温拉伸试验方法》(GB 228—2002)[84]的要求制作试件,每种材性试件制作4个。材性试件尺寸如图2-1所示,试验结果见表2-1。

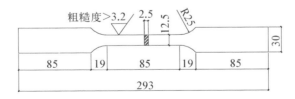

图2-1　钢材材性试验试件/mm

表2-1　拉伸试验结果

试件母材	屈服强度 f_y/MPa	极限强度 f_u/MPa	伸长率/(%)	弹性模量 E/MPa
型钢柱	273.2	433.1	34.8	$1.90×10^5$
型钢梁	259.8	400.3	31.7	$1.87×10^5$

2.2 板材材料性能试验

钢木混合抗侧力体系的抗侧力性能受到钢框架和内填轻型木剪力墙的共同影响。可用于木剪力墙的覆面板材种类较多,常用的有定向刨花板(oriented strand board 板,即 OSB 板)和结构胶合板两种。覆面板材规格一般为 1 220 mm×2 440 mm,厚度为 6~20 mm。安装时在板的边缘和中间用间距较密的钉子与骨架固定,这样,不但可增加骨架刚度,而且使面板与骨架共同作用抵抗平面内荷载。OSB 板对原材料的要求较低,可以利用速生、小杆径树木,将这些树干去皮后切成厚度小于 1 mm、长度约为 80 mm 的薄片,经烘干、用胶、施压合成一定厚度的结构用板。对于板的两个表面,纤维总体上沿长度方向,沿板长度方向的强度略高,中间层纤维方向任意。由于定向刨花板生产过程中能够去除有缺陷的木材薄片,所以,产品质量较为稳定,并被广泛应用于实际工程中[6]。本试验中采用的覆面板为美国 APA19/32 等级、厚度 14.68 mm 的 OSB 板。为了解 OSB 板的材料性能,本研究采用中心点弯矩试验法测得了板材弹性模量及静曲强度,试验依据规范《人造板及饰面人造板理化性能试验方法》(GB/T 17657—1999)[85] 和《定向刨花板》(LY/T 1580—2000)[86] 进行。由于 OSB 板面层纹理两个方向的材性差别较大,对板材的两个方向分别进行试验。试件共设两组试件,A 组试件沿板材 1.22 m 短边方向取材,B 组试件沿板材 2.44 m 长边方向取材。分别采用 360 mm 和 720 mm 两种跨距进行试验,每组包含 36 个相同试验样本,如图 2-2 所示。

(a) 360 mm 跨距试验组　　　　　　(b) 720 mm 跨距试验组

图 2-2　OSB 板材力学性能试验

试件的编号和规格见表 2-2。试验采用的加载设备为申力 WA-200 kN 微机控制电液伺服万能试验机。板材的静曲强度为试件在最大载荷作用时弯矩和抗弯截面模量之比,可按下式进行计算:

$$\sigma_b = \frac{3P_{\max}l}{2bh^3} \tag{2-1}$$

式中,σ_b 为试件的静曲强度(MPa);$P_{\max}$ 为试件破坏时的最大荷载(N);l 为支座之间的距离(mm);b,h 为分别为试件宽度和厚度(mm)。

板材弹性模量为试件在弹性范围内,荷载产生的应力与应变之比,可按下式进行计算:

$$E_b = \frac{l^3}{4bh^3} \cdot \frac{\Delta f}{\Delta s} \tag{2-2}$$

式中,E_b 为试件的弹性模量(MPa);l 为支座之间的距离(mm);b,h 分别为试件宽度和厚度(mm);Δf 为在荷载-位移图中直线段内力的增量(N),可采用 $f_2 - f_1$ 计算;Δs 为在力 $f_2 \sim f_1$ 区间试件变形量(mm)。

表 2-2　OSB 板材性试验结果

跨距/mm	检 验 项 目	单位	标准规定值	检验结果	判定结果
360	静曲强度(短向)	MPa	$\bar{X} \geqslant 11$	12.2	合格
	弯曲弹性模量(短向)	MPa	$\bar{X} \geqslant 1\,400$	1 485	合格
	板内密度偏差	%	± 10	$+7.0, -5.6$	合格
720	静曲强度(长向)	MPa	$\bar{X} \geqslant 20$	22.5	合格
	弯曲弹性模量(长向)	MPa	$X \geqslant 3\,500$	5 439	合格
	板内密度偏差	%	± 10	$+6.2, -4.6$	合格

表 2-2 列出了 OSB 板材性试验的数据,从试验数据可以看出,板材沿长方向具有更高的静曲强度和弹性模量。且通过试验结果与相关规范中规定的 OSB 板材力学性能指标的对比可知,试验所用 OSB 板材的各项材料性能均能满足相关要求。

2.3　面板钉连接节点性能

2.3.1　钉子力学性能试验

在钢木混合结构的内填木剪力墙中,覆面板与墙骨柱靠钉连接,侧向荷载下,覆面板与墙骨柱二者变形不协调,从而使钉子受剪,这也是木剪力墙抗侧力的来源。因此,面板钉连接节点的性能对整个钢木混合抗侧力体系有重要作用。钉子的种类繁多,如有普通圆钢钉、麻花钉、螺纹圆钉等,其尺寸和强度变化也较大。我国的《木结构设计规范》(GB 50005—2003)[87]对钉连接中钉子的长度、直径和间距有具体规定,但并未对钉子本身的性能做出规定。目前,我国轻型木结构中的钉子多是参照国外标准在国内定做的。对于应用于轻型木结构中的钉子,美国的试验标准 ASTM F1676[90]和美国林纸业协会(AP&PA)规定用于轻型木剪力墙中钉子的屈服强度不应小于 690 MPa;Leichti 等的研究亦指出[89],用于轻型木结构的钉,其屈服强度

应该为 690～896 MPa。本试验采用苏州皇家木结构整体住宅公司生产的麻花钉,如图 2 - 3 所示。直径 3.3 mm、长度 64 mm 的钉子用作骨架钉,连接墙体骨架规格材;直径 3.8 mm、长度 82 mm 的钉子用作面板钉,连接墙体骨架和覆面板。

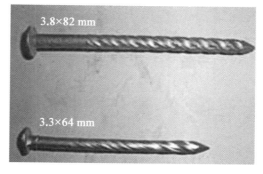

图 2 - 3　试验中所采用的麻花钉

为了检验钉子的力学性能指标,在加拿大 Forintek 试验室对此两种规格钉子进行了抗弯试验。试验方法参照美国《ASTM F1575 - 03》[88]标准进行,对每种钉子测试了 5 个试样。图 2 - 4 为试验所得钉子的平均弯矩-转角曲线。图 2 - 5 为加载后钉子的变形图。

美国试验标准《ASTM F1575 - 03》中规定,钉子的弯曲强度 F_{yb} 可根据下式进行计算:

$$F_{yb} = \frac{M_y}{S} \qquad\qquad (2 - 3a)$$

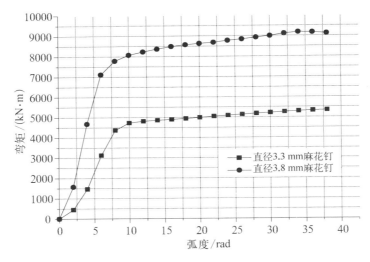

图 2－4　钉子平均弯矩-转角曲线

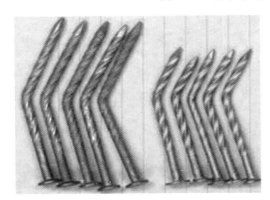

图 2－5　加载后的钉子

$$S = \frac{D^3}{6} \qquad (2-3b)$$

式中，M_y 为屈服弯矩（MPa），根据钉子的抗弯试验得到；S 为钉子的截面塑性模量（MPa）；D 为钉子的直径（mm）。

根据试验结果及公式（2－3）计算得到直径 3.3 mm、长度 64 mm 和直径 3.8 mm、长度 82 mm 国产麻花钉的屈服强度分别为 789.83 MPa 和 851.12 MPa。对比前述标准，本试验采用的国产麻花钉的屈服强度均在正常范围之内。此外，为了对国产钉和国外钉的性能进行对比，同济大学周楠楠[91]还对两组规格为 8d（直径为 3.33 mm，长度为 63.5 mm）和 10d（直径为 3.76 mm，长度为 76.2 mm）的加拿大普通圆钉进行了力学性能试验，得到 8d 和 10d 的加拿大普通圆钉的屈服强度分别为 806.727 MPa 和 867.593 MPa。对比发现，应用在本试验中的国产麻花钉和加拿大普通圆钉的力学性能十分接近，符合相关标准的要求。

2.3.2　国内外有关钉连接节点的研究

面板钉连接节点在侧向力的作用下，主要受到剪力和拔出力的作用，其中的剪力又可以分为平行于木纤维方向(顺纹受力)的剪力和垂直于木纹方向(横纹受力)的剪力。就面板钉连接的破坏模式来说,若钉杆和规格材之间的摩擦力失效,则主要发生钉子从规格材中被拔出的破坏形式;若钉杆和面板之间的挤压力失效将导致面板承压破坏、钉头陷入覆面板、面板边缘撕裂,或者钉杆剪断的破坏模式;若钉杆和规格材之间的挤压力先失效则表现为规格材承压破坏或者规格材边缘撕裂的破坏模式;若钉帽和面板之间的挤压力先失效则表现为钉帽穿透面板或者钉帽脱落的破坏模式。钉连接节点的破坏模式还主要与钉杆的直径以及覆面板的厚度有关:当覆面板的厚度较小时(如在9 mm左右),钉节点的破坏模式主要为钉头穿透覆面板,且在角部还会出现覆面板被撕裂的破坏模式;当覆面板厚度大于 15 mm 时,钉连接节点破坏模式则主要为钉子被拔出墙骨柱规格材;而钉子被剪断的破坏模式往往出现于往复加载的过程中[92]。

由于钉连接模型是木结构中剪力墙及整个结构有限元分析的基础,因此,钉连接的性能对于剪力墙及房屋的整体分析具有重要的意义。钉连接节点在荷载作用下表现的高度非线性的通常与很多的因素有关。Ehlbeck[93]和 Antonides[94]将这些影响因素归纳为三类,且后来又诸多学者针对这些影响因素,对钉连接节点性能进行了有意义的试验研究。

(1)规格材和板材的材料强度、种类和密度,板材的厚度,钉子的材料强度、种类及其尺寸等[95-103];

(2)节点的连接方式,包括钉子的板边距及端距,加载方向与规格材木纹的夹角等[105-109];

(3)加载制度(单调和反复加载对钉连接破坏模式、刚度和极限承载力等的影响)[110-112]。

Brock[95]根据试验数据拟合得到钉连接节点抗侧承载力 $P=k\rho d_n$,其中,k为常数,ρ为木材的密度,d_n为钉杆直径。Mack[97-99]通过研究发现,若制作连接节点及对其加载时木材的含水率较低,其强度要比气干时高大约 30%。同时,他们的研究还指出,木材的含水率对连接节点的刚度影响并不大。Leach[96]的研究指出,含水率低于木材的纤维饱和点时,木材的含水率对连接节点强度和刚度的影响可以忽略不计。1976 年,Wilkinson[100]便开展了钉连接节点在动力荷载下性能的试验研究。研究者认为,钉连接节点在振动荷载作用下的刚度要大于静力荷载下的刚度。1989 年,Dolan 和 Madsen[103]指出,钉连接节点在往复荷载作用下的荷载-位移曲线出现较为明显的捏缩效应,主要与往复荷载作用下木材的不可恢复变形有关。他们认为,连接节点的刚度退化主要是由于钉杆与木材之间的间隙(gap)引起的。具体说来,木材的局部压碎使得钉杆与木材之间存在一定的空隙,没有了木材的支撑,只有钉杆独自抵抗剪力,造成了节点明显的刚度退化特征。当钉杆再次与木材接触时,连接的刚度明显提高。这些发现,不仅为钉连接节点抗剪承载力计算公式提供了理论支持,还为后来研究学者们开发钉连接节点考虑捏缩效应的滞回模型提供了基础。

关于加载制度对钉节点的影响方面,Ni 和 Chui[104]对 20 组试件进行了单向及往复荷载下的试验研究。结果表明:钉连接在往复荷载作用下的极限荷载要小于单向荷载下的极限荷载。随着荷载循环次数的增加,连接节点发生强度折减。在往复荷载作用下,部分钉子发生疲劳破坏。2002 年,Fonseca[105]研究了面板钉连接在单向及往复荷载作用下的性能。一共进行了 104 组试验,每组试验包括 10 个试件,通过变化不同的试验参数来研究各因素对钉连接性能的影响。所考虑的影响参数有:面板的材料、面板厚度、骨架材料、钉连接种类、钉子距离面板边缘的最小距离、钉头在面板中的嵌入深度、荷载方向及不同的加载制度等。他们的试验结果表明,反复荷载作用下的极限荷载大约只有单调加载时的 50%～60%,对应于极限荷载时的位移只有单调加载时的 70%左右。然而对于受力方向,得到了不论在单调或反复荷载作用下,顺纹受力的性能要优于横纹受力的结论。

2004 年,程海江[108]进行了面板钉连接的单向加载试验研究,并考虑了顺纹加载和横纹加载两个试验组别。两组试验各包括 10 个试件,覆面板为 9.5 mm 厚 OSB 板,墙骨柱规格材为 38 mm×89 mm 云杉-松木-冷杉(SPF)。覆面板与规格材之间采用两个长度为 65 mm、直径为 3.3 mm 的钉子连接。试验结果表明,平行钉连接的极限荷载略大于垂直钉连接的极限荷载,且具有更好的延性。Girhyammar 和 Andersson[112]对不同面板材料和加载方向的钉连接节点进行了试验研究。研究表明,当墙板材密度较大,墙骨柱材料密度较小时,钉子主要拔出破坏,呈延性破坏模式;反之,则主要发生脆性的面板冲孔破坏,且钉连接节点顺纹受力性能要优于横纹受力性能。

在钉子钉入方式方面,陈志勇等[109]主要从墙面板方向和墙骨柱顺纹的夹角、加载方向与墙骨柱顺纹的夹角及加载方式等几个方面进行了钉连接节点的性能研究。墙骨柱采用 38 mm×89 mm 的 SPF 规格材,墙面板采用 9.5 mm 厚的 OSB 板,钉子采用直径为 2.7 mm、长度 50 mm 的普通圆钉。试验结果表明,与斜钉的试件相比,直钉试件连接的最大承载力和屈服荷载都较高,直钉连接性能要优于斜钉连接;墙板方向平行于墙骨柱顺纹方向时,其受力性能优于垂直木纹时的受力性能;反复荷载与单调加载相比,极限荷载以及其对应的位移都要小一些。说明反复加载时,连接节点具有明显的刚度和强度退化特性。

2.3.3　钉连接节点试验

木剪力墙在侧向荷载作用下,表现出来的抗侧承载力和耗能性能等为钉连接性能的综合体现,因此,面板钉连接对轻型木剪力墙的结构性能有决定性影响。钉连接节点的位移-变形关系也是剪力墙数值模拟中所必需的输入数据。因此,本文针对钢木混合结构中内填木剪力墙的面板钉连接节点进行了单向和往复加载试验。

1. 试验设计

本试验共进行 80 个钉连接节点试验,所选试验材料与后续整体试验中所用的材料一致。钉连接规格材为加拿大进口的Ⅲc级及以上云杉-松-冷杉(SPF),规格材尺寸为 38 mm×140 mm;覆面板材为 19/32 - APA 等级进口定向刨花板(OSB 板),板厚 14.68 mm;面板钉采用前述国产麻花钉,直径 3.8 mm,长度 82 mm。节点试验共有 6 组构造不同的试件,表 2-3 所列为节点试验的相关说明及分类,各类钉连接节点的构造示意如图 2-6 和图 2-7 所示。因在实际工程应用中,两块相邻覆面板通常共用一根墙骨柱,此时钉连接节点在垂直于墙面板长边方向的边距较小,常为 9.5 mm,故本试验对横纹钉连接分别考虑了19 mm 和 9.5 mm 两种边距。

表 2-3　钉连接节点试件

组别	受力方向	板边距/mm	数量/个	加载制度
A1	横纹	19	15	单向
A2		19	15	往复
A3		9.5	10	单向
A4		9.5	10	往复
B1	顺纹	19	15	单向
B2		19	15	往复

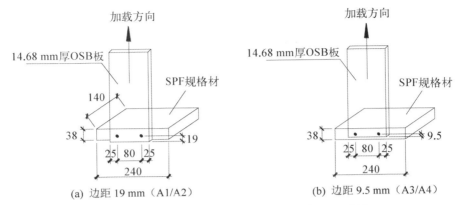

(a) 边距 19 mm（A1/A2）　　　　(b) 边距 9.5 mm（A3/A4）

图 2-6　垂直钉连接试件(图中所有尺寸以 mm 计)

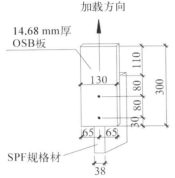

图 2-7　平行钉连接试件
（B1/B2,图中所有
尺寸以 mm 计）

本次钉连接节点的试件中,SPF 规格材的平均密度为 $460\ kg/m^3$,平均含水率为 14.78%;OSB 板材的平均密度为 $650\ kg/m^3$,平均含水率在 20% 左右。规格材的含水率可采用如图 2-8 所示的探针式含水率测量仪测定,在构件的两侧及中部选取 3 个点测量含水率,求其平均值。试验采用申力 WA-200 kN 微机控制电液伺服加载系统进行单调和往复加载试验及数据采集,试验设备如图 2-9(a)所示。单调加载速率参考 ASTM-D1761-88 试验标准[113]取 3 mm/min,数据采集频率为 10 Hz。往复加载采用位移控制,其加载制

图 2-8　探针式含水率测量仪

度如图 2-9(b)所示。钉连接节点试验进行过程中,试验室的空气相对湿度在60%左右。图 2-9(c)和图 2-9(d)为横纹钉连接节点和顺纹钉连接节点加载时的试验照片,节点滑移由两个 LVDT 位移计记录。

(a) 试验设备

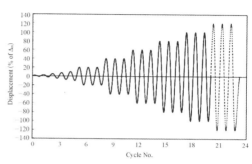

(b) 试验往复加载制度（$\Delta_m = 20$ mm）

(c) 横纹钉连接试件加载

(d) 顺纹钉连接试件加载

图 2-9　钉连接节点试验

2. 节点破坏模式

单向加载试验中,垂直钉连接试件(A1-A4)的主要破坏模式为覆面板在边缘发生碎裂,且钉头陷入覆面板,如图 2-10(a)所示;而对于平行钉连接试件(B1-B2),其破坏模式多为钉子穿透面板,且规格材与面板间发生较大的滑移,节点体现出较好的延性,如图 2-10(b)和图 2-10(c)所示。在这些破坏模式中,钉子均有不同程度的弯曲,且钉子在平行钉连接节点中的弯曲更加显著。板边撕裂的破坏模式主要发生在边距为 9.5 mm 的横纹钉连接节点(A3-A4)中,但该破坏模式也发生于一部分 19 mm 边距的横纹钉连接试件中。

　　钉连接的破坏模式在反复荷载作用下出现了明显变化,其主要破坏模式为钉子被剪断。此破坏模式主要由于试验中采用了长度较大的钉子,钉子钉入规格材长度较大,因此,其抗拔出能力较强,节点在往复荷载作用下,钉子在被拔出规格材前受到往复剪切作用而断裂,如图2-10(d)所示。此种破坏模式的耗能性能与钉子拔出墙骨柱的破坏模式相比较差。

(a) 垂直钉连接面板边缘碎裂　　　　　　(b) 平行钉连接规格材破坏

 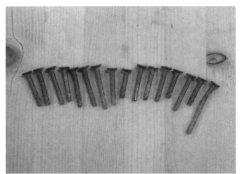

(c) 平行钉连接钉头穿透面板　　　　　　(d) 往复加载下被剪断的钉子

图 2-10　面板钉节点试验破坏模式

　　3. 节点承载力-滑移曲线

　　单向和往复加载试验得到的面板钉连接节点单个钉的承载力-滑移曲线平均值如图2-11所示。对于每组单向加载试验,亦以细线给出了其每个试件的承载力-滑移曲线,从图中可以看到,钉连接节点性能具有一定离散性,这主要是由木材的离散性而导致的。由于边距9.5 mm的钉连接试件在往复加载制度下,其两个方向承载力呈现显著不同,故A4组试件的承载力-滑移曲线具有明显的不对称性,如图2-11(d)所示。

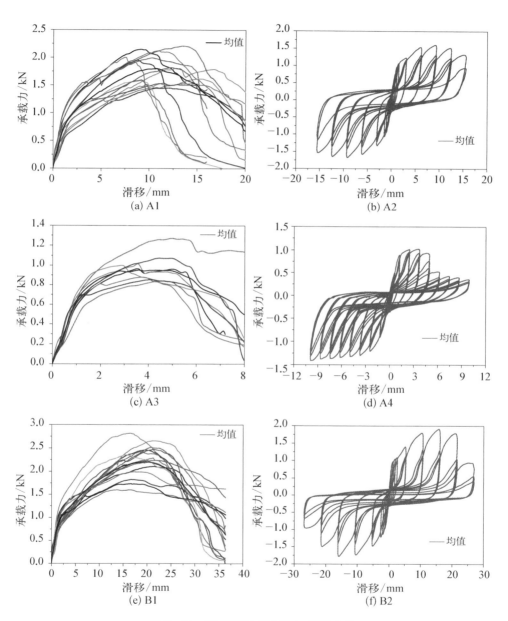

图 2‑11　面板钉节点承载力‑滑移曲线

4. 试验结论

图 2-12 对比了不同参数钉连接的单向加载试验结果。从钉连接节点的承载力-滑移曲线可以看出,钉节点在单调加载过程中可分为 4 个阶段:第一阶段,荷载与位移基本成线性变化,此阶段木材、面板及钉子基本都处于弹性工作状态;第二阶段,表现出一定的非线性,荷载与位移之间呈曲线变化,而此阶段的非线性主要来源于木材及覆面板材的局部压坏,且钉子开始屈服;第三阶段,钉连接节点表现出更加明显的非线性,直至最大承载力,荷载随位移的增加再次呈线性变化,体现出节点的第二刚度;第四阶段,曲线呈现下降趋势,直至破坏,在此阶段木材、面板均已有较大程度破坏,且钉子也已屈服。

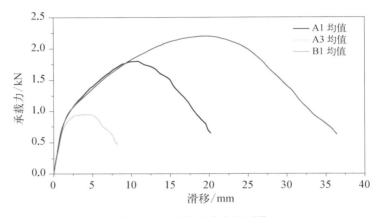

图 2-12 规格材含水率测量

不同类型的节点的初始刚度较为接近,然而随着节点滑移增大,边距为 9.5 mm 的横纹钉连接节点由于在面板边缘发生撕裂,导致其刚度迅速下降,承载力亦为最低。边距为 19 mm 的横纹钉连接节点及顺纹钉连接节点在达到极限承载力前的刚度也比较相近,但由于横纹钉连接在面板处发生撕裂,导致其极限承载力仍低于顺纹钉连接节点。3 种节点的延性则有较为明显的差距,顺纹钉连接延性最好,边距 19 mm 的横纹钉连接的延性次之,而边距 9.5 mm 的横纹钉连接的延性较差。其主要原因为 9.5 mm 边距横纹钉连接节点发生板边撕裂时,钉子的弯曲程度最小,因此,该类节点的变形及耗能能力最差。对于实际的结构中的木框架剪力墙,两块墙面板交界处往往共用一根墙骨柱,此时钉连接节点在垂直于墙面板长边方向的边距往往较小,因此,施工时也应特别注意此处的施工质量。

表 2-4 中列出了本次节点试验得到的各类节点的初始刚度 K、极限承载力

P_{max} 及其对应的峰值位移 P_{peak}、极限位移 P_{ult}（荷载下降至 80% 极限承载力时对应的位移）和延性系数 D。从试验结果可以看出，加载方向和横纹钉连接面板边缘距离对钉连接承载力有显著影响，平行钉连接节点的极限荷载较大，且具有较好的延性。

表 2-4 钉连接节点试验结果

组别	受力方向	板边距/mm	加载制度	K②/(kN/mm)	P_{max}/kN	P_{peak}/mm	P_{ult}/kN	D③
A1	横纹	19	单向	0.617	1.8	10.8	15.3	1.417
A2	横纹	19	往复①	0.596	1.6	9.1	14.9	1.637
A3	横纹	9.5	单向	0.585	1	3.6	6.2	1.722
A4	横纹	9.5	往复	0.569	1	3.7	5.3	1.432
B1	顺纹	19	单向	0.623	2.2	19.6	27.1	1.383
B2	顺纹	19	往复	0.603	1.9	15.8	22.8	1.443

注：① 往复加载情况下，各参数通过钉连接滞回曲线的包络线获得。
② 初始刚度 K 取为承载力-滑移曲线上 10% P_{max} 和 40% P_{max} 两点间曲线的割线刚度。
③ 延性系数 D 取为极限位移 P_{ult} 与 40% P_{max} 对应位移的比值。

同时，通过表 2-4 中单向和往复试验结果的对比可以发现，往复荷载作用下，钉连接节点的刚度和极限承载力均较单向荷载作用下有所下降，其原因在于往复荷载下节点中的损伤更易累积和发展，因此具有较低的承载力。然而，由于各项参数具体数值差别不大，因此在木结构的数值模拟中，采用往复加载试验包络线或单向加载试验结果作为钉连接的参数输入均是可行的。

2.4 钢木螺栓连接节点性能

在钢木混合结构中，木剪力墙和钢框架共同组成结构竖向抗侧力体系。二者通过螺栓连接，共同抵抗侧向荷载的作用。本节将介绍对整体试验中采用的钢木螺栓连接节点的试验情况。

2.4.1 钢木螺栓连接节点研究现状

国内外诸多学者对钢木螺栓连接节点（dowel-type connection）进行了试验研究、数值模拟和理论分析，研究主要针对节点的破坏模式和承载力计算方法等。近几年来,学者们逐步开始研究新型钢木螺栓连接节点,并采用各种可能的方式,如加螺栓套筒或碳纤维布等,改进节点性能。

早在 1949 年,Janhansen[114]就针对木结构节点提出了欧洲屈服模型(european yield model)。螺杆被假定为作用在木材上的一根梁,木材和钢材均为弹塑性材料。螺栓连接节点的承载力主要由木材的承压强度和螺杆的抗弯承载力决定。基于这样的假定,Janhansen 提出了节点多种可能的延性破坏模式。根据各种不同的破坏形式可确定木螺栓连接节点中单个剪切面的承载力。所得到的这个理论不仅适用于木结构螺栓连接节点,而且适用于其他销轴类的紧固件。

1999 年,Daudeville 等[115]对单个螺栓连接节点进行了静力加载试验。试验中选用较小的木材厚度来避免螺栓首先出现塑性铰,同时考虑螺栓直径、边距和端距的影响。其结果表明螺栓边距对节点抗弯性能影响最为明显;随着螺栓边距增大,破坏模式逐渐接近于木材撕裂和剪切破坏。结合对试验节点的数值模拟,研究认为,当边距小于 10 倍螺栓直径时,节点裂纹总是先出现在螺栓与木材接触面上;反之,裂纹多在螺栓处出现一直延续到荷载作用位置。

2003 年,Sawata 和 Yasumura[116]对轴向荷载作用下钢夹板、钢填板螺栓连接节点的性能进行试验研究,同时运用有限元分析方法,分析了节点顺纹、横纹两个方向的受力特点,将分析结果与试验结果以及基于屈服模式的理论计算值相比较发现,木材和螺栓的局部屈服先于整个节点的破坏;采用基于屈服理论的计算方法得到的节点抗剪强度与试验结果吻合较好;顺纹、横纹受力的节点,抗剪承载能力的理论计算值均小于试验得到的结果。

2004 年,Schreyer 和 Lam 等[117]对 4 种不同节点进行试验,研究细长销连接的木结构节点在单向和往复荷载作用下的性能,同时采用有限元软件对节点进行数值模拟。并在有限元模型中对销端部约束、销孔偏差以及销材料疲劳进行了考虑。通过对试验及有限元结果分析,发现销孔偏差对节点的性能有明显的影响,紧固件端部的约束作用对节点性能影响明显也不能忽略,且紧固件疲劳是影响节点滞回性能的主要因素之一。

2009 年,Santos 等[118]对木螺栓双剪连接节点进行了单向加载试验。2010年,Dorn 等[119]对 64 个构造各异的单剪、双剪木螺栓节点进行了单向加载试验,研究对欧洲木结构规范中的螺栓屈服模式进行了校核,同时对螺栓连接节点的优化设计方法做出探讨。

在木螺栓连接节点的数值模拟方面,2005 年,Racher 等[120]运用有限元法分析了 3 个不同树种木材的塑性性能,建立了节点的三维模型,小范围内考虑了材料非线性、几何非线性、木材的各项异性及摩擦。通过试验与有限元分析的对比,表明模型可以很好模拟木材的受力性能。2009 年,Oudjene 等[121]研究了压力作用下木材的非线性本构关系,并根据是否定义材料的强化,得到耦合或非耦合两种求解方法,并在 ABAQUS 有限元分析软件中创建了相应的求解子程序,通过与试验结果的对比,验证了耦合计算方法更加准确有效。随后,他们运用此种方法进行了木螺栓连接节点三维有限元模型计算,研究表明,该数值模型能够较好的模拟木材受压性能,尤其是木材横纹方向的受压性能。Xu 等[122,123]亦对木螺栓连接节点进行了精细化建模,并研究了节点横纹和顺纹的承载能力和破坏模式,通过在数值模型中引入相应破坏准则,较好地模拟了木螺栓连接节点的性能。

近几年,国内外学者们开始对木螺栓连接节点可能的加固方式进行了一些试验和数值模拟研究[124-128],如套筒螺栓、剪盘连接等。同时对注入树脂、包裹碳纤维等节点加固技术进行了研究,这些技术的核心思想多为减小木材的局部受力或木构件中的整体应力水平,从而得到更高的节点承载力和刚度。图 2 - 13 显示了目前较为常用的两种提高木螺栓连接节点性能的措施,分别为螺栓外加套筒和采用 CFRP 加固木材。通过 Santos 等[128]的研究发现,两种加固方式均对节点承载力有明显提高作用,且 CFRP 加固方式更为有效。

(a) 螺栓外加套筒　　　　　　　　(b) CFPR 加固木材

图 2 - 13　木螺栓连接节点加强方式

2.4.2　钢木螺栓连接节点的破坏模式

在钢木螺栓连接中,如对其构造不做任何限制,连接可能会产生多种破坏模式:如因端距或顺纹中距不足而导致的木材剪切破坏;因螺栓孔挤压变形而导致螺栓的受弯破坏;因木材孔壁的承压承载力不足而导致的破坏;因螺栓直径较大、构件较薄情况下螺栓的边距或多排螺栓的行距不足而导致的木材撕裂破坏等。然而,节点中的木材破坏通常伴随着承载力的快速下降,呈现脆性破坏状态。因此,为了充分利用螺栓受弯和其与木材相互挤压所产生的良好韧性,避免因螺栓直径过大、排列过密或构件过薄所导致木材剪坏或劈裂破坏,常通过在构造上的措施如规定螺栓最小排列间距、木材最小厚度等,来避免节点脆性破坏。

满足构造要求的钢木连接节点通常有以下4种螺栓屈服的破坏模式:

(1) 销槽承压破坏

模式Ⅰ:螺栓的直径 d 很大,且其相应刚度很大;木材的厚度 c 很大,对螺栓弯折、倾斜有很大的约束力,而钢板厚度 a 相对较小;这种条件下,钢板的孔壁被挤压破坏,如图 2-14(a)所示。

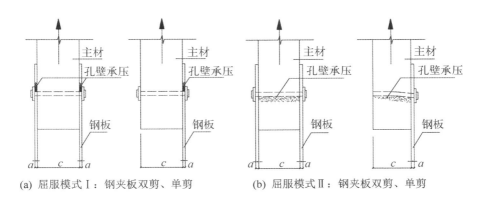

(a) 屈服模式Ⅰ:钢夹板双剪、单剪　　(b) 屈服模式Ⅱ:钢夹板双剪、单剪

图 2-14　销槽承压破坏屈服模式

模式Ⅱ$_\text{m}$:螺杆刚直,在双剪连接中钢板厚度 a 很厚而木材厚度 c 较薄,则木材的孔壁被均匀挤压破坏;或者在单剪连接中,螺杆倾斜转动致使木构件的边缘区域的螺孔局部被挤压破坏,如图 2-14(b)所示。

(2) 螺栓弯曲破坏

对于中间钢填板对称双剪连接,螺栓弯曲破坏有以下两种模式:

　　模式Ⅲ$_{bs}$：螺栓直径较小，木材较厚具有很大的约束力，受力后螺杆弯曲，在一块木材中出现塑性铰；塑性铰之外的部分螺杆虽仍然刚直，但由于转动倾斜致使连接板件的螺孔孔壁木材局部承压破坏。这种情况称为"一铰"屈服模式，如图 2-15(a)所示。

　　模式Ⅳ$_{max}$：螺栓直径较小，木材和钢材较厚具有很大的约束力，受力后螺杆弯曲，在两块木材中同时出现塑性铰；由于两个塑性铰之间的部分螺杆转动倾斜致使两侧构件螺孔孔壁边缘区域被挤压破坏。这种情况称为"两铰"屈服模式，如图 2-15(b)所示。在"一铰"屈服模式中，如果增加钢材的厚度，可以提高螺栓连接的承载能力；而在"两铰"屈服模式中，即使增加钢材、木材的厚度，也不能提高其承载能力。故"两铰"屈服模式又称"最大"屈服模式。

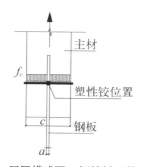
　　(a) 屈服模式Ⅲ：钢填板双剪

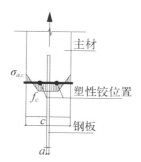
　　(b) 屈服模式Ⅳ：钢填板双剪

图 2-15　螺栓弯曲破坏屈服模式

　　为了简化钢木螺栓连接节点的承载力计算，我国《木结构设计规范》(GB 50005—2003)对满足构造要求(木构件最小厚度、螺栓的端距、边距及栓距等)的钢木连接节点采用如下公式计算其承载力：

$$N_v = k_v d^2 \sqrt{f_c} \tag{2-4}$$

式中，N_v 为每一螺栓每一剪切面的承载力(N)；f_c 为木材顺纹承压强度设计值(N/mm^2)；d 为螺栓的直径(mm)；k_v 为螺栓连接设计承载力计算参数。

　　当木构件最小厚度、螺栓的端距、边距及栓距等不满足《木结构设计规范》(GB 50005—2003)要求时，应考虑被连接木构件的材质，并根据连接方式的不同(单剪或对称双剪连接)，确定其中的某几种可能屈服模式为连接承载力的依据，取它们中的最低值为该连接每个剪切面的承载力设计值。

2.4.3　钢木螺栓连接节点试验

本项目共进行了 60 个钢木螺栓连接节点试验,所选试验材料与后续整体试验中所用的材料一致。木材为加拿大进口的Ⅲc级及以上云杉-松-冷杉(SPF)规格材,尺寸为 38 mm×140 mm,规格材的平均密度为 460 kg/m³,平均含水率为 15%;螺栓采用 8.8 级高强螺栓,考虑 M12,M14 和 M16 三种螺栓直径大小。螺栓的最大抗拉承载力为 830～1 030 MPa,且其断后伸长率不小于 12%。

以 M14 螺栓连接为例,根据钢木混合结构中的实际连接情况,设计单剪钢木螺栓连接节点试件,如图 2-16 所示,其构造均符合《木结构设计规范》(GB 50003—2003)中的相应要求。试验采用邦威加载系统进行单调加载试验和数据采集,试验设备如图 2-17(a)所示。连接节点试验进行过程中,试验室的空气相对湿度在 60%左右。图 2-17(b)为试件安装图,节点滑移由两个 LVDT 位移计记录。

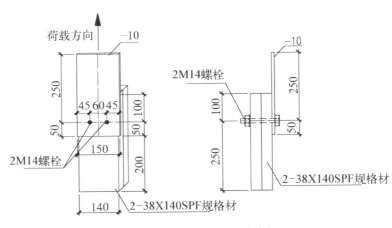

图 2-16　钢木螺栓连接试件/mm

钢木螺栓连接节点的破坏模式如图 2-18 所示。图 2-19 给出了基于单个螺栓的承载力-滑移曲线。从图 2-19 可以看出,加载初期,钢木螺栓连接节点的承载力-滑移曲线呈线性关系,此时木材及螺栓基本处于线弹性工作状态;待加载至最大荷载的 40%左右,节点开始表现出非线性性质,木材由于受到局部挤压而劈裂;在节点极限状态附近,螺栓已经屈服,木材的破坏更加严重,产生了贯穿试件的裂纹,随后节点破坏,无法继续承载。

(a) 试验设备　　　　　　　　　(b) 试件安装

图 2‑17　钢木螺栓连接节点试验

(a) 螺栓处木规格材劈裂　　　　(b) 极限状态下木规格材劈裂破坏

(c) 螺栓垫片陷入木规格材　　　　(d) 试验后螺栓屈服情况

图 2‑18　钢木螺栓连接节点试验破坏模式

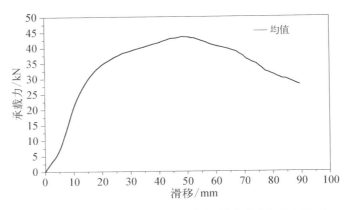

图 2-19 钢木螺栓连接节点承载力-滑移曲线(M14 螺栓)

钢木螺栓连接节点破坏的主要原因在于螺栓同木规格材的接触面积不够,导致木规格材局部压应力过大,最终劈裂。相关研究显示[124-128],采用套筒螺栓连接可有效增大钢、木的接触面积;同时,碳纤维包裹也可对木材的横向变形加以限制,从而有效减小其劈裂破坏,提高承载能力。这些钢木连接节点的加固方式,均可为后续钢木连接性能的改进提供参考。

由试验得到的采用 M14 螺栓的钢木连接节点的极限承载力均值为 43.56 kN。如假定螺栓节点的极限承载力符合正态分布,则具有 95% 保证率的极限荷载值为 29.21 kN,此值亦可作为该钢木螺栓连接节点的承载力设计值。同时,按照式(2-4)计算得到的相应钢木螺栓连接节点承载力为 20.37 kN。因此,可说明木结构设计规范中的计算公式相对于试验结果是较为合理的。本节试验得到的钢木螺栓连接承载力-滑移曲线可作为后续数值模拟的参数输入,且螺栓承载力设计值也在后续章节中,被用作钢木混合抗侧力体系基于概率结构设计中的性能目标之一。

2.5 本 章 小 结

本章对钢木混合结构中涉及的钢材、木材、钉、钉连接节点和钢木螺栓连接节点进行了试验研究。得到了钢、木的材料性能,以及钉连接和钢木螺栓连接节点在单向和往复荷载作用下的承载力-滑移曲线。

主要结论如下:

(1)研究中所采用的木结构剪力墙中 OSB 板材的材料性能满足国家相关

规范的要求。

（2）研究采用的直径 3.3 mm、长度 64 mm 和直径 3.8 mm、长度 82 mm 两种国产麻花钉的屈服强度分别为 789.83 MPa 和 851.12 MPa，通过对比发现，本研究采用的两种国产麻花钉和相应规格的加拿大进口圆钉的力学性能十分接近，满足木结构中对钉子的材料性能要求。

（3）对不同类型的面板钉连接节点的试验研究发现，各种类型钉连接的初始刚度较为接近，然而随着节点滑移增大，边距为 9.5 mm 的横纹钉连接节点由于在面板边缘发生撕裂最早，其刚度和承载力最低。边距为 19 mm 的横纹钉连接节点及顺纹钉连接节点在达到极限承载力前的刚度也比较相近，但横纹钉连接的极限承载力仍低于顺纹钉连接节点。3 种节点的延性有较为明显的差距，顺纹钉连接延性最好，边距 19 mm 的横纹钉连接的延性次之，而边距9.5 mm 的横纹钉连接的延性最小。

（4）往复荷载作用下，钉连接节点的刚度和极限承载力均较单向荷载作用下有所下降，其原因在于往复荷载下节点中的损伤更易累积和发展，因此，具有较低的抗剪承载力。

（5）根据钢木混合结构中的实际连接情况，设计了单剪钢木螺栓连接节点试验。对钢木混合抗侧力体系中应用的 M14 钢木螺栓连接节点，其极限承载力均值为 43.56 kN。假定螺栓节点的极限承载力符合正态分布，则具有 95% 保证率的极限荷载值为 29.21 kN，此值可作为试验得出的钢木螺栓连接节点的承载力设计值。同时，计算得到的相应钢木螺栓连接节点承载力为 20.37 kN。因此，可以说明木结构设计规范中的相关计算公式可对钢木螺栓连接节点的设计承载力进行合理估计。

第 *3* 章

钢木混合结构抗侧力性能试验研究

3.1 引　言

　　本章的研究重点为钢木混合结构竖向抗侧力体系的抗侧力性能,以及混合体系中钢、木两种不同结构材料间的协同工作关系。主要介绍了足尺寸钢木混合结构的往复加载试验,以及试验得到的钢木混合结构的强度、刚度、耗能能力和延性等。试验中还考察了在侧向荷载下,钢框架和木剪力墙对混合体系承载力和耗能的贡献。本试验可为钢木混合结构竖向抗侧力体系的设计和应用提出建议,并作为后续有限元分析的校核。对钢木混合抗侧力体系,国内外并无类似研究资料,因此,本节将分别对试验设计有指导意义的木剪力墙和钢框架填充墙体系的抗侧力性能研究作简要介绍。

3.1.1　木剪力墙试验研究概况

　　木结构剪力墙抗侧力性能试验研究主要包括剪力墙在单向和往复荷载下的抗侧力性能及其在动力荷载下的振动特性,主要研究内容汇总于表3-1中。

　　早在 1980 年,Price 和 Gromala[129]就对不同的墙面材料,包括 10 种结构刨花板及两种南方松木胶合板木剪力墙进行了试验研究,确定其抗侧性能。通过对 2.44 m×2.44 m 墙体进行的试验研究,他们认为,在单向荷载作用下,采用结构刨花板的墙体刚度较高;然而,在足尺试验中,南方松木胶合板剪力墙的强度要高于刨花板剪力墙。1985 年,Patlon-Mallor[130]等对 11 片足尺剪力墙和200 个小尺寸的胶合板和石膏板组成的双层剪力墙进行了试验研究。研究结果表明,剪力墙的抗侧承载力和其有效长度成正比,剪力墙窗洞上下和门洞上部墙体对抗侧刚度的贡献可以忽略,石膏板对剪力墙的强度有所提高。De Klerk[131]

表 3-1　木剪力墙抗侧力性能试验的主要研究内容

试验方式	主　要　研　究　内　容
单向加载	考虑多种影响因素的剪力墙极限承载力,包括覆面板的材料及长宽比、墙体的开洞情况、是否采用抗拔连接件等
往复加载	① 研究结构在地震作用下的恢复力特性,确定结构构件恢复力的计算模型; ② 衡量结构的耗能能力; ③ 得到结构的初始刚度及刚度退化等参数; ④ 研究结构的破坏机制
动力试验	研究木剪力墙在地震下动力特性的破坏模式

对墙骨柱间距对剪力墙性能的影响进行了研究。研究结果表明,墙骨柱的间距直接影响墙体的极限承载力。墙骨柱的间距越小,墙体的刚度越大。Nelson[132]等在1985年测试了7个用于房屋建造中的剪力墙,他们调查了剪力墙的大小、位置、双面硬木胶合覆板的数目等对剪力墙极限承载力的影响。Gray 和 Zacher[133]对2.44 m×2.44 m 剪力墙进行了往复荷载下的试验研究。试验结构表明,试验过程中结构板材发生很小的变形,墙体的耗能主要依赖于钉子的变形。1988年,Stewart[134]对11片剪力墙进行了反复加载及振动台试验研究。试验结果表明,钉子被剪断和钉子被拔出是两种主要的破坏形式。Stewart 的测试还得到非线性阶段木剪力墙的阻尼比约为5%左右。Dolan[135]对25片木剪力墙进行了动力试验,并提出了相应的有限元方法对墙体的动力特性进行分析预测。Dolan发现在静力和动力荷载作用下,采用刨花板和胶合板作为覆面材料的墙体力学性能差别不大,而面板钉连接的性质是墙体抗侧承载力、刚度和延性的主要影响因素。另外,Dolan 还指出,高宽比较大的剪力墙会受到弯曲变形和剪切变形两方面的影响,而长度较大剪力墙以剪切变形为主。Leiva-Anevena[136]通过足尺试验对木剪力墙的抗侧力性能进行了研究,试验中,他们采用一个垂直约束来模拟实际建筑中的情况。试验结果表明,剪力墙表现出较好的延性和耗能能力,剪力墙在给定时刻的抗侧承载力是其加载历史的函数。并且剪力墙具有较好的耗能能力和阻尼特性,等效粘滞阻尼为 0.2~0.4。1997 年,Dolan 和 Heine[137]对带有洞口和翼缘墙体的木剪力墙段进行了试验研究。研究结果表明,翼缘墙体可以起到墙角锚栓的作用,并能在一定程度上提高墙体的抗剪强度,但是,翼缘段的墙体在试验过程中的变形以刚体旋转为主,此处墙体本身的破坏并明显。Lam[138]等对覆有大尺寸结构板材的木剪力墙进行了试验研究。试验结果表明,

在单向荷载作用下,采用大尺寸墙面板剪力墙的抗侧承载力和刚度都有显著提高。Johnson[139]对一系列带有不同方位及数量开洞的剪力墙进行了单向和往复荷载作用下的试验研究。结果表明,开洞上、下部分墙体可以抵抗一部分侧向力;单向荷载作用下,当荷载处于较小阶段时,石膏板可以提供一定的抗侧承载能力,但是,大部分的侧向力仍由胶合板提供。钉子从胶合板中被拔出为单向荷载作用下墙体的主要破坏模式。1997年,Heine[140]研究了单向及往复荷载作用下,抗倾覆连接件对剪力墙性能的影响。试验结果表明,对于没有设置抗倾覆连接件的墙体,反复荷载作用时的极限承载力要比单向荷载作用时低5%~12%,剪力墙典型的破坏形态为墙骨柱和底梁板的分离;对于设有抗倾覆连接件的墙体,反复荷载作用时的极限荷载要比单向荷载作用时低13%~24%。Dinehart和Sheuton[141]等进行了剪力墙的静力和动力试验,试验结果表明,静力和动力试验得到的钉连接节点的破坏模式有所不同。Karacabeyli和Ceccotti[142]对比了不同往复加载机制和拟动力加载机制下剪力墙的抗侧力性能。采用ASTM标准、CEN标准及ISO标准中的加载制度,对比了各剪力墙的极限承载力、最大位移、荷载-位移曲线和耗能性能等。研究结果表明,采用不同的加载机制,极限荷载相差不大,但拟动力试验的极限荷载较单向和往复荷载试验提高了近15%。Shenton[143]等采用试验手段研究了木剪力墙在往复荷载下的刚度退化性能。研究结果表明,在位移循环幅值不变的情况下,木剪力墙的有效刚度随着往复荷载循环次数的增加而线性下降,且在循环次数较多时,木剪力墙钉连接节点会出现脆性断裂的破坏模式。Yamaguchi和Minowa[144]对木剪力墙进行了振动台试验,他们发现相比于静力荷载作用下的木剪力墙,动力荷载下,木剪力墙具有更高的强度,但延性降低。2000年,Salenikovich[145]进行了木材的密度对剪力墙性能影响的研究。研究结果表明,钉连接节点的强度随着木材密度的降低而减小,因此,采用低密度木材建造的木剪力墙的强度和刚度均较低。2002年,Ni[146]对竖向荷载对剪力墙性能的影响进行了研究。结果表明,竖向荷载能够明显提高墙体的抗剪强度,并提出了考虑竖向荷载的剪力墙强度计算公式。

国内的学者也对木剪力墙进行了一系列的试验研究,但是,起步较晚。如2007年,程海江[147]对6片足尺木框架剪力墙进行了单向及往复荷载作用下的试验研究,研究了竖向荷载、翼缘和洞口尺寸对于剪力墙的抗剪强度、弹性抗侧刚度、极限位移、墙骨柱上拔和耗能等影响。研究结果表明,竖向荷载能够较大幅度的提高剪力墙的抗侧承载力、初始刚度和耗能;翼缘墙体对剪力墙的结构性能也有部分提高。2009 年,闫新宇[148]通过对 7 组不同尺寸规格和构造的木剪力墙进行试验研究,重点研究了剪力墙宽度、开门窗洞口以及装饰材料对其承载力的影响。研究结果表明,石膏板能够在一定程度上提高剪力墙的抗侧力性能;门窗洞口上下的墙体对剪力墙的承载能力有一定贡献;多块足尺剪力墙的承载能力是单个墙肢承载力之和,然而单个墙肢的初始抗侧刚度则比各墙肢之和要大很多。2010 年,周楠楠等[91]通过对 5 组不同覆面板形式但具有相同尺寸规格的木剪力墙进行了试验研究,考察了不同覆面板厚度对剪力墙抗侧力性能的影响和石膏板对剪力墙抗侧承载力的贡献。研究结果表明,覆面板厚度对剪力墙抗侧承载力有较为显著的影响,石膏板对剪力墙的抗侧承载力也有一定贡献。她指出,当对轻型木结构做多遇地震下的内力和变形的分析时,可以假定木构件处于弹性工作状态,在此阶段,石膏板与 OSB 共同工作,故石膏板对剪力墙抗侧力的贡献可以在设计中予以考虑;而在大震情况下,由于石膏板早已退出工作,不宜考虑石膏板对剪力墙抗侧力性能的贡献。综上所述,木结构剪力墙的抗侧力性能试验研究,得到的一些主要结论如表 3-2 中所示。

表 3-2　木结构剪力墙抗侧力性能试验研究的主要结论

试验方式	主 要 研 究 结 论
单向加载	① 面板钉连接是剪力墙抗侧承载力和刚度的最主要影响因素; ② 骨柱间距对剪力墙的抗侧刚度有一定影响,且有墙脚抗倾覆锚固件的墙体具有更高的抗侧承载力; ③ 洞口上方墙体虽对剪力墙抗侧承载力有所贡献,但在木剪力墙的结构设计中可忽略其影响
往复加载	① 木剪力墙有良好的耗能能力,耗能主要依赖于钉连接的变形,剪力墙的主要破坏模式为钉子被剪断和被拔出墙骨柱规格材; ② 剪力墙在非线性阶段的阻尼比约为 5%～10%; ③ 反复荷载作用下木剪力墙的极限荷载比单向荷载作用时低 5%～20%
振动台试验	相比于静载,地震作用下的木剪力墙有更大的强度和刚度,但其延性更差,主要破坏模式为面板钉被剪断

3.1.2　钢框架填充墙体系试验研究概况

填充墙是框架结构建筑中不可缺少的结构部件,在实际工程中应用十分广泛。填充墙通常可分为两大类:一类单纯作为填充材料,仅仅起到围护和分隔作用,这一类填充墙由各种砌块砌筑而成或采用各种轻质板材装配而成;另一类可作为框架结构抗侧力构件,与框架一起组成抗侧力体系,如钢筋混凝土预制剪力墙、钢板剪力墙等。对于第一类填充墙,在实际受力过程中,由于填充墙与框架梁柱之间的相互作用,使得框架结构中的框架构件的受力情况与无填充墙时的受力情况有很大的差异。研究表明[149],钢框架填充墙体系的抗侧刚度明显优于纯框架。填充墙和钢框架可共同工作抵抗侧向荷载。由于填充墙的存在使框架梁柱中的内力减小了 40% 左右,框架的抗侧刚度则提高了 40% 左右。

国内外学者对各类钢框架-填充墙体系的抗侧力性能进行了研究。当填充墙作为抗侧力构件时,其对钢框架抗侧力性能的提高和改善较为显著。Benjamin 和 Williams[150]对单层填充墙钢框架结构进行了单调加载试验研究,验证了填充墙对钢框架体系抗侧刚度的提高作用。Tong 等[151]对钢框架砌体填充墙体系进行的了试验,结果表明,填充墙与钢框架的相对刚度比对整个体系的抗侧力性能有重要影响;同时,需对框架和填充墙的连接进行合理设计,以保证二者的协同工作性能。Barua 和 Mallick[152]研究了砌体填充墙与钢框架连接中内力的计算方法,并通过试验对理论计算结果进行了验证。在钢框架填充墙体系的理论分析和数值模拟方面,Polyakov[153]首先于 1956 年提出了等效对角支撑(Equivalent diagonal strut)的概念。根据这一方法,内填于钢框架的砌体墙可采用等效对角支撑来进行简化。这一简化方法,可以用于预测填充墙开裂前体系的抗侧力性能。随后,诸多学者基于对砌体墙的合理简化,采用理论分析手段研究了框架填充墙体系的抗侧力性能[154-157]。此外,学者们还基于有限元理论,建立了钢框架填充墙的数值模型。如 Dawe 等[158]采用一系列由不同弹簧单元组成的模型来考虑钢框架和填充墙之间复杂的相互作用,并编制了相应的计算程序。Nadjai 和 Kirby[159]研究了具有内填砌体墙和不同梁柱连接节点钢框架的抗侧力性能。采用非线性有限元手段,考虑钢构件连接的屈服,以及砌体填充墙的开裂和压碎,从而对钢框架边界的非线性行为进行了全面研究。Wael 等[160]利用有限元分析软件 ANSYS 对填充墙钢框架的破坏形式进行了深入研究,提出了三支杆等效对角支撑模型(three-strutmodel),进一步揭示了填充墙与钢框架之间复杂的相互作用关系。Dawe 等[161]对参数各异的钢框架填充墙体系进行了数值分析,研究了决定体系抗侧力性能的重要参数。

我国对钢框架填充墙结构体系的研究始于 20 世纪 90 年代初,研究内容主要为对足尺结构进行试验,对结构构造、各构件之间的相互作用、结构的整体刚度以及结构破坏模式进行观测和分析等。如同济大学李国强等[162-164]完成了钢结构住宅墙板及节点足尺模型的振动台试验,七榀钢框架及带填充墙钢框架结构的水平静力和低周反复加载试验。通过测试有墙和无墙钢框架试验模型在侧向力作用下的变形全过程,得到了墙体对钢框架结构强度和刚度的影响,了解了节点的破坏特征及墙体本身的工作性能,得到了有墙及无墙钢框架结构的滞回性能。试验发现,填充墙体和钢框架之间的连接性能较好,墙体和框架可共同工作,通过参数分析,提出结构弹性层间角位移限值的建议取值为 1/350。同时,在理论分析基础上,提出了钢框架填充墙体系抗侧刚度简化计算公式,并探讨了钢框架填充墙体系的抗震性能。

虽然国内外对钢框架填充墙体系进行的试验分析和理论研究均可为本研究提供参考。但上述研究的对象主要集中于砌体填充墙方面,对于木结构剪力墙而言,其侧向力作用下的结构性能与砌体墙有显著差异,因此,本章将对由钢框架和木剪力墙组成的混合抗侧力体系进行理论研究。

3.2　钢木混合结构抗侧力性能试验设计

3.2.1　研究目的

在钢木混合结构中,钢框架与木剪力墙协同工作,构成结构抗侧力体系。本研究拟通过结构试验,研究钢木混合抗侧力体系在侧向力作用下的刚度、强度、变形和破坏模式,以及其恢复力特性、等效阻尼比、耗能能力和刚度退化等特性。同时,全面了解抗侧力体系中钢框架和木剪力墙的协同工作性能,具体为研究混合抗侧力体系由弹性阶段到极限状态过程中,侧向力在钢框架和木剪力墙中的分配规律,从而揭示二者的协同工作关系。

3.2.2　模型制作和安装

为研究钢木混合结构的整体抗侧力性能,本项目设计了两个 3 m×6 m 钢木混合结构足尺模型进行试验。两个试件均为单层单跨钢木混合结构模型,尺寸相同,分别记作试件 A 和试件 B。试件高 2.8 m,长 6.0 m,宽 3.0 m,每个试件包含三榀框架,榀间距 3.0 m,如图 3-1 所示。

试件 A 采用传统轻型木楼盖,钢框架柱间填充的木剪力墙为单面覆板;试件 B 采用钢木混合楼盖,钢框架柱间填充的木剪力墙为双面覆板。每个试件包含 3 个钢木混合竖向抗侧力体系,对试件 A 记作 A-1,A-2 和 A-3,对试件 B

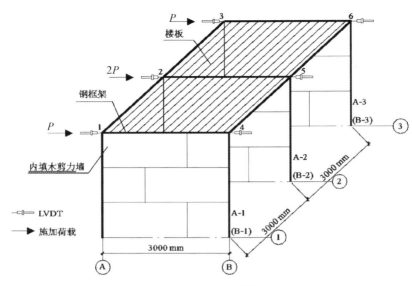

图 3-1 试验试件

记作 B-1,B-2 和 B-3。试验采用 3 点(对应图 3-1 中的 1,3,5 号点)同时加载的方式,加载点为试件的左上方角点。为了考察不同楼盖形式对侧向力的分配作用,结合实际情况,中间加载点(3 号点)所施加的荷载是旁边加载点(1 号点及 5 号点)荷载的 2 倍。6 个拉线式位移计(LVDT)分别被安装在每榀框架的顶点处以测量结构侧移。整体试验所用材料和相应构件构造于表 3-3 中给出。

表 3-3 试验构件和材料

构 件	材 料 和 构 造
钢框架	热轧 H 型钢,钢柱截面为 H150×150×7×10,钢梁截面为 H150×100×6×9,钢材牌号为 Q235B,焊接连接采用 E43 型焊条。每榀框架内的梁柱节点采用腹板螺栓连接,翼缘焊接的连接形式(刚接);不同榀框架间次梁柱节点采用腹板螺栓的连接形式(铰接)
木剪力墙	墙骨柱采用进口Ⅲc级及以上 SPF 规格材,含水率 14%~15%,截面尺寸为 38 mm×140 mm,沿墙体长度方向中心距 406 mm。墙体端部边墙骨柱由两根规格材构成。双层顶梁板,单层底梁板材料均同墙骨柱。覆面板为 14.68 mm 厚 OSB 板,面板边缘钉间距 150 mm,中间钉间距 300 mm,相邻面板间距 3 mm。试件 A 木剪力墙为单面覆板,试件 B 木剪力墙为双面覆板
木楼盖(试件 A)	楼盖搁栅采用进口Ⅲc级及以上 SPF 规格材,含水率 14%~15%,截面尺寸为 38 mm×140 mm。封边搁栅材料同墙骨柱。覆面板为 14.68 mm 厚 OSB 板,面板边缘钉间距 150 mm,中间钉间距 300 mm

续　表

构　件	材　料　和　构　造
钢木混合楼盖（试件 B）	钢木混合楼盖中 C 型钢材质为 Q235B，楼板格栅采用进口Ⅲc 级及以上 SPF 规格材，含水率 14%～15%，截面尺寸为 38 mm×184 mm
钉　子	骨架钉为 3.3 mm×64 mm 国产麻花钉，面板钉为 3.8 mm×82 mm 国产麻花钉
螺　栓	用于连接钢梁柱和钢、木之间的螺栓均为 8.8 级高强螺栓
锚　栓	剪力墙采用 8.8 级 M16 锚栓，布置间距 1 000 mm；钢柱脚采用 4.6 级 M56 锚栓
抗倾覆锚固件	在木剪力墙两端各设一个抗倾覆锚固件，采用 2 排 4 个 8.8 级 M12 螺栓连接抗倾覆锚固件与边墙骨柱，同时采用 1 个 8.8 级 M16 锚栓连接该抗倾覆锚固件和柱脚底板

　　钢框架与内填木剪力墙可作为钢木混合抗侧力体系中的分体系，共同抵抗结构受到的地震、风等侧向作用。本试验中的钢框架、木剪力墙和钢梁柱连接节点的构造如图 3-2 所示。钢框架和木剪力墙通过螺栓连接，木剪力墙的边骨柱由 10 个 M14 螺栓与钢柱翼缘相连，螺栓 2 个一组，相距 60 mm，不同螺栓组之间的距离为 400 mm；木剪力墙的顶梁板通过 14 个 M14 螺栓与钢梁下翼缘相连，螺栓 2 个一组，相距 50 mm，不同螺栓组之间的距离为 360 mm，试验中安装完成的钢木混合抗侧力体系如图 3-3 所示。

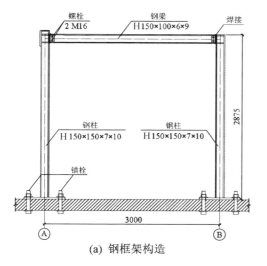

(a) 钢框架构造

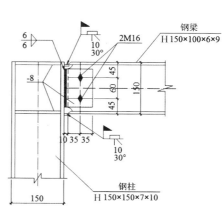

(b) 钢梁柱连接节点

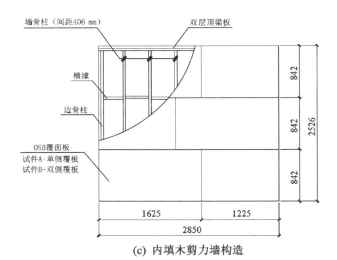

(c) 内填木剪力墙构造

图 3‑2 钢木混合结构竖向抗侧力体系构造(图中尺寸均以 mm 计)

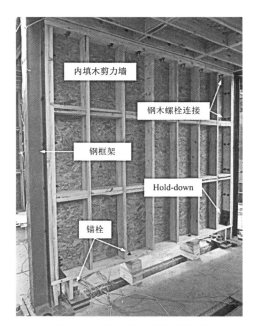

图 3‑3 钢木混合抗侧力体系

3.2.3 试验设备

本试验在同济大学结构工程与防灾研究所结构试验中心进行,试验加载装置如图 3‑4 所示。

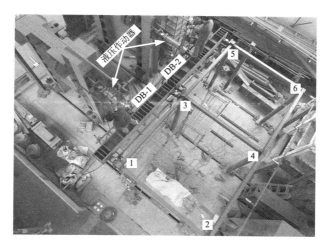

图 3 - 4　加载装置

　　试验中的水平荷载通过两个 60 t 液压推拉千斤顶施加于铰接的加载分配梁上。其中加载分配梁 DB1 以 1 号点和 3 号点为支座,另一个加载分配梁 DB2 以 3 号点和 5 号点为支座,这样在 3 号点施加的荷载为 1 号点及 5 号点荷载的两倍。液压推拉千斤顶加载头变形范围为±250 mm,最大推力 600 kN,最大拉力 300 kN。加载头与加载梁及反力架之间,均采用铰接连接以释放由于加载装置本身重量而可能产生的弯矩。

　　钢木混合结构试件 A 采用轻型木楼盖,其楼盖的安装过程如图 3 - 5 所示。钢木混合结构试件 B 采用钢木混合楼盖,其安装流程如图 3 - 6 所示。最终安装好的试件 A 和试件 B 如图 3 - 7 所示。

(a) 楼盖格栅安装

(b) 楼盖格栅与封边格栅间的挂构件

图 3-5 试件 A 轻型木楼盖安装流程

(a) 楼盖钢格栅安装

(b) 楼盖木规格材面板安装

(c) 连接钢格栅与木面板

(d) 木面板上钢筋网片安装

(e) 水泥砂浆浇筑

(f) 安装完成

图 3 - 6　试件 B 钢木混合楼盖安装流程

(a) 试件 A 安装图

(b) 试件 B 安装图

图 3 - 7　试件安装图

3.2.4　加载制度

试验设置单向和往复加载，单向加载考察内填木剪力墙对空框架抗侧刚度的提高程度，往复加载考察钢木混合结构整体的抗侧力性能，耗能性能以及钢框架和木剪力墙的协同工作规律等。试件的往复加载制度如图 3 - 8 所示。试验共设置 10 个加载工况，各个加载工况对应的加载制度和考察的内容列于表 3 - 4 中。

单向加载制度分预加载阶段的正式加载阶段：预加载阶段首先对结构施加 5 kN（该力为施加于结构上的总侧向力，为两个加载液压作动器的合力，以下亦同）的推力，以消除加载设备和试件之间的空隙；正式加载阶段按照每步 10 kN 加载，分 5 步加载共 50 kN 结束。试验的往复加载制度依照《建筑抗震试验方法

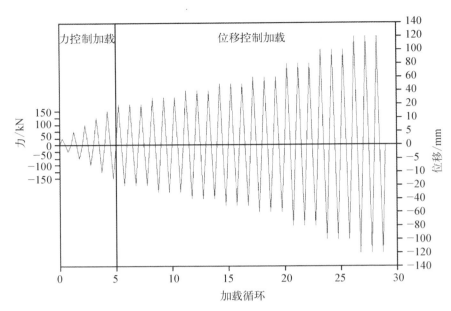

图 3-8　试验往复加载制度

表 3-4　试验工况表

试验试件	加载工况	加载制度	说　明
试件 A	工况 1	单向	无楼盖工况,不考虑楼盖对框架侧向力的分配作用,仅考察弹性阶段纯框架的抗侧力性能
	工况 2	单向	在框架梁间铺设轻型木楼盖,考察弹性阶段范围内轻型木楼盖传递侧向力的性能及其和钢框架梁的协同工作性能;木楼盖钉间距在面板周边为 150 mm,在面板中间为 300 mm
	工况 3	单向	对木楼盖的钉间距进行加密,使其钉间距在面板周边为 75 mm,在面板中间为 150 mm。继而考察弹性阶段范围内轻型木楼盖传递侧向力的性能及其和钢框架梁的协同工作性能
	工况 4	单向	在工况 3 的基础上,在钢框架柱间添加木剪力墙,形成完整的钢木混合结构,研究弹性阶段木剪力墙对整体结构抗侧力性能的影响
	工况 5	往复	在工况 4 的基础上,进行往复加载试验,研究钢木混合结构的滞回性能以及木剪力墙与钢框架在侧向荷载作用下的协同工作关系

续　表

试验试件	加载工况	加载制度	说　　　明
试件 B	工况 6	单向	无楼盖工况,不考虑楼盖对框架侧向力的分配作用,仅考察弹性阶段纯框架的抗侧力性能
	工况 7	单向	在框架梁间铺设钢木混合楼盖,但不浇筑楼盖砂浆面层,考察弹性阶段范围内钢木混合楼盖传递侧向力的性能及其和钢框架梁的协同工作性能
	工况 8	单向	在钢木混合楼盖的木板上浇筑 30 mm 厚水泥砂浆,待砂浆结硬后,考察弹性阶段范围内楼盖传递侧向力的性能及其和钢框架梁的协同工作性能
	工况 9	单向	在工况 8 的基础上,在框架柱间添加木剪力墙,形成完整的钢木混合结构,研究弹性阶段木剪力墙对整体抗侧力性能的影响
	工况 10	往复	在工况 9 的基础上,进行往复加载试验,研究钢木混合结构的滞回性能以及木剪力墙与钢框架在侧向荷载作用下的协同工作关系

规程》(JGJ 101—96)[165] 和 ISO 16670[166] 中的加载制度共同确定。往复加载制度由力控制和位移控制两个阶段组成。根据试验前的数值模拟,结构屈服荷载可大致取为 150 kN。因此,加载制度在结构屈服前采用力控制加载,每级荷载循环一次,在结构屈服后采用位移控制加载,每级荷载循环 3 次。在力控制阶段,共包括 5 个加载循环,分别为 50 kN、75 kN、100 kN、125 kN 和 150 kN;在位移控制阶段,根据 ISO 16670 选定加载控制位移 Δ_m 为 100 mm,并按照 Δ_m 的 20%、30%、40%、50%、60%、70%、80%、100% 和 120% 为加载幅值进行位移控制加载。

3.2.5　数据获取

钢木混合结构试件在侧向力作用下的侧移由布置于框架角点的 6 个 LVDT 位移计测得。同时,对于每一榀钢木混合竖向抗侧力体系,在钢框架上共布置 20 个应变片,用以测量钢构件中的应变情况,可采用这些应变数值,计算钢构件在弹性阶段的内力。每榀钢木混合竖向抗侧力体系应变片布置情况如图 3 - 9 所示。

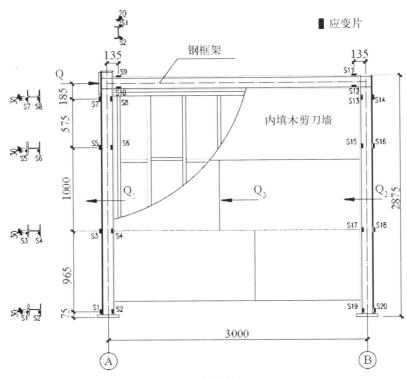

图 3-9　应变片布置图

为了研究钢木混合结构竖向抗侧力体系中侧向力在钢框架和木剪力墙中的分配关系,必须分别得到试验每一时刻钢框架和木剪力墙中分别承担的剪

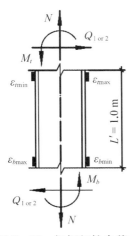

图 3-10　钢框架柱内剪
力计算简图

力数值。取一榀钢木混合结构竖向抗侧力体系为例来说明剪力的获取方法。如图 3-10 所示,如作用在一榀钢木混合抗侧力体系上的侧向力为 Q,则 Q 应等于钢框架左柱内剪力 Q_1、右柱内剪力 Q_2 和内填木剪力墙内剪力 Q_3 之和。其中,Q_1 和 Q_2 可通过如下方法计算:在每个钢柱上选取靠近反弯点处 1 m 长的弹性区段(通过试验之前的数值分析得知,该区段距离反弯点很近,且在整个试验过程中该截段的钢材均未进入塑性),通过应变片 S3-S6、S15-S18 测得该区段上下截面处的应变,如图 3-10 所示。于是,可按照式(3-1)反求出钢柱内的剪力,继而通过式(3-2)计算出内填木剪力墙中的剪力。

$$Q_{1or2} = \frac{M_t + M_b}{L'} = \frac{(\varepsilon_{tmax} + \varepsilon_{tmin} + \varepsilon_{bmax} + \varepsilon_{bmin})EW}{2L'} \qquad (3-1)$$

$$Q_3 = Q - (Q_1 + Q_2) \qquad (3-2)$$

式中，N 为钢柱轴力；$M_t(M_b)$ 为钢柱段顶部和底部截面弯矩；$\varepsilon_{tmax}(\varepsilon_{tmin})$ 为钢柱顶面应变最大值(最小值)；$\varepsilon_{bmax}(\varepsilon_{bmin})$ 为钢柱底面应变最大值(最小值)；E, W 为钢材弹性模量(MPa)和截面模量(mm^3)；L' 为钢柱段长度，为 1 m；$Q_1(Q_2)$ 为左(右)侧钢柱内力。

3.3 试 验 结 果

3.3.1 试验现象和破坏模式

对于表 3-4 中工况 1-4 和工况 6-9 的单向加载试验，可以观察到结构在侧向推力作用下的轻微倾斜，但卸载后变形恢复，残余变形很小。对于工况 5 和工况 10 的往复加载试验，试件 A 和试件 B 的破坏模式较相似，都始于木剪力墙面板钉连接的破坏，且木剪力墙的破坏先于钢框架的屈服。继而面板角点的钉连接陆续破坏，其破坏模式多为覆面板在钉子处撕裂。随后钢框架开始进入塑性阶段，木剪力墙破坏加剧，两个试件均在加载幅值为 $0.8\Delta_m$ 时达到极限状态，此时，大部分面板边缘钉节点破坏，有覆面板在钉节点处撕裂的破坏模式，亦有钉子拔出和剪断破坏。试件 A 中 A-1 榀框架左上梁柱节点翼缘对接焊缝被拉断。在加载结束时，木剪力墙上、中两排面板的钉节点基本全部破坏，很多钉子在往复荷载作用下被剪断，钢柱脚附近翼缘明显鼓曲。然而，整个加载过程中，墙体骨架完好，且钢木间的螺栓连接没有破坏，墙体骨架与钢梁、柱的错动较小，墙骨柱上拔也较小。试件 A 往复加载试验现象如表 3-5 所示，其对应的破坏模式如图 3-11 所示。

表 3-5 试件 A 试验现象表

加载级数	循环	实测中柱侧移/力（推正拉负）	试 验 现 象	对应图
±50 kN	1	3.2 mm（−2.7 mm）	三榀剪力墙上、中两排覆面板边缘钉稍倾斜	—
±75 kN	1	5.7 mm（−4.9 mm）	三榀剪力墙上、中两排覆面板边缘钉的倾斜程度较上一加载级别增大	3.1-(a)

加载级数	循环	实测中柱侧移/力（推正拉负）	试　验　现　象	对应图
±100 kN	1	8.5 mm（−7.5 mm）	可观察到覆面板整体轻微错位，有绕其中心转动的趋势	—
±125 kN	1	11.7 mm（−10.5 mm）	时而可听到因木材和钢材挤压发出的响声；三榀剪力墙上、中两排覆面板边缘钉倾斜程度继续增大	—
±150 kN	1	14.9 mm（−13.6 mm）	可听到因木材和钢材挤压发出的响声；三榀剪力墙上、中两排覆面板边缘钉倾斜程度继续增大	—
±0.2Δ_m（1/140）*	1	189 kN（−191 kN）	可听到木材和钢材挤压时发出的响声；观测到覆面板整体倾斜	3.1-(b)
	2	180 kN（−181 kN）		
	3	190 kN（−181 kN）		
±0.3Δ_m（1/112）	1	210 kN（−219 kN）	木材和钢材挤压发出响声的频率加快，音量增大，尤其在拉压转换的时候；局部角点钉节点破坏	3.1-(c)
	2	210 kN（−208 kN）		
	3	213 kN（−206 kN）		
±0.4Δ_m（1/80）	1	270 kN（−268 kN）	可听到钢木之间的错动引起"次次"的响声；三榀剪力墙上、中两排覆面板四角钉节点已有破坏，主要破坏模式为钉头陷入覆面板，偶尔听到覆面板在钉子处崩断的响声，面板边缝有相互挤压现象	3.1-(d) 3.1-(e)
	2	287 kN（−262 kN）		
	3	249 kN（−249 kN）		
±0.5Δ_m（1/60）	1	316 kN（−304 kN）	三榀剪力墙上、中两排覆面板四角处钉节点已有一半破坏，覆面板在钉子处崩断的响声不断出现	3.1-(f)
	2	299 kN（−298 kN）		
	3	298 kN（−283 kN）		
±0.6Δ_m（1/50）	1	348 kN（−335 kN）	三榀剪力墙上、中两排覆面板边缘钉子均出现不同程度的破坏，主要破坏模式为钉头陷入覆面板；覆面板在钉子处崩断的响声接二连三；卸载后，肉眼可观察到整个钢木混合结构的残余变形	3.1-(g)
	2	327 kN（−324 kN）		
	3	335 kN（−309 kN）		

加载级数	循环	实测中柱侧移/力（推正拉负）	试 验 现 象	对应图
±0.7Δ_m（1/43）	1	367 kN（−334 kN）	木剪力墙一、二排交接处面板边缘钉大多破坏，面板呈现明显倾斜	3.1-(h)
	2	363 kN（−327 kN）		
	3	350 kN（−315 kN）		
±0.8Δ_m（1/37）	1	382 kN（−334 kN）	三榀框架加载点处梁上翼缘对接焊缝断裂，响声很大；剪力墙一、二排覆面板严重倾斜，边缘钉多数破坏；剪力墙覆面板中间位置的钉子亦开始破坏，板边大多已经相互接触，板角多挤压破坏；试件已达到承载力极限状态	3.1-(i)3.1-(j)
	2	350 kN（−326 kN）		
	3	334 kN（−300 kN）		
±1.0Δ_m（1/30）	1	352 kN（−332 kN）	三榀剪力墙面板边缘钉连接基本全部破坏，60%的破坏模式为覆面板在钉头处破坏，另外40%的破坏模式为钉子被拔出墙骨柱或剪断。钢木螺栓连接节点未发生显著变化，但肉眼可见连接垫片对木材的挤压加剧；中柱后方柱脚H型钢翼缘轻微鼓曲；木剪力墙抗拔锚固件并无破坏；剪力墙中间锚栓有垫片轻微压进底梁板的现象；有相当一部分面板钉被剪断，因钢框架对木剪力墙的约束作用，骨架钉均未出现破坏现象，也观测不到墙骨柱上拔	3.1-(k)3.1-(l)3.1-(m)
	2	328 kN（−296 kN）		
	3	315 kN（−287 kN）		
±1.2Δ_m（1/24）	1	310 kN（−406 kN）	木剪力墙中的面板钉连接节点基本全部破坏，板边呈一条十分明显的斜线；钢柱翼缘鼓曲加大，梁柱节点梁翼缘焊缝被拉断；面板四角大都因挤压而破坏，木屑掉落较多；面板与原来钉在上面的规格材有多达20～30 mm的错动。然而，顶梁板与边骨柱基本未破坏，观测不到其与钢梁、柱之间的错动，墙体骨架完好，墙骨柱未上拔；剪力墙锚栓大垫片轻微压入底梁板	3.1-(n)3.1-(o)3.1-(p)
	2	301 kN（−370 kN）		
	3	282 kN（−277 kN）		

注：第一列括号内数字为该控制位移对应的层间位移角。

(a) 覆面板轻微倾斜　　　　　(b) 覆面板角点倾斜　　　　　(c) 面板角点钉连接破坏

(d) 面板角点钉连接破坏和错动　　　　　(e) 面板角部边缘钉连接破坏

(f) 面板在角部破坏 1　　　　　(g) 面板在角部破坏 2

(h) 面板角部拉裂　　　　(i) 焊缝断裂　　　　(j) 面板在边缘被拉裂

(k) 钢梁翼缘焊缝断裂　　　　　　　　(l) 钉子剪断 1

(m) 钉子剪断 2　　　　　(n) 结构整体变形　　　　　(o) 面板剧烈错动

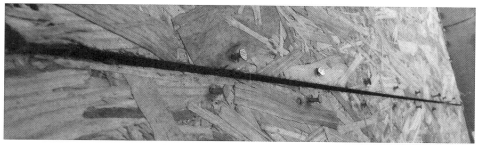

(p) 钉子在往复加载下往复受弯而被剪断

图 3-11　试件 A 往复加载试验现象

试件 B 往复加载试验现象如表 3-6 所示,其对应的破坏模式图 3-12 所示。

表 3-6　试件 B 试验现象表

加载级数	循环	实测中柱侧移/力 (推正拉负)	试　验　现　象	对应图
±50 kN	1	1.9 mm(−0.4 mm)	无明显现象	—
±75 kN	1	3.0 mm(−2.4 mm)	无明显现象	—

加载级数	循环	实测中柱侧移/力（推正拉负）	试　验　现　象	对应图
±100 kN	1	4.5 mm(−4.0 mm)	可观察到覆面板整体轻微错位，有绕其中心转动的趋势	—
±125 kN	1	6.2 mm(−5.7 mm)	剪力墙上、中两排覆面板边缘钉稍倾斜	—
±150 kN	1	8.1 mm(−7.8 mm)	剪力墙少量角部钉节点轻微破坏	3.2-(a)
±0.2Δ_m (1/140)*	1	274 kN(−272 kN)	肉眼可见剪力墙覆面板开始错位，剪力墙多处角部钉节点处出现轻微撕裂	3.2-(b)
	2	273 kN(−268 kN)		
	3	262 kN(−257 kN)		
±0.3Δ_m (1/112)	1	322 kN(−311 kN)	剪力墙覆面板出现较明显的错位，面板角部钉节点出现明显撕裂，面板边部也开始有较小撕裂	3.2-(c)
	2	313 kN(−287 kN)		
	3	298 kN(−288 kN)		
±0.4Δ_m (1/80)	1	387 kN(−379 kN)	OSB面板角部钉节点撕裂较严重，可听见覆面板崩坏的响声，钉子开始陷入面板，面板边部钉节点破坏更为显著	3.2-(d)
	2	359 kN(−356 kN)		
	3	370 kN(−354 kN)		
±0.5Δ_m (1/60)	1	444 kN(−433 kN)	面板之间相互挤压，角部钉节点撕裂严重，面板边部钉节点撕裂较明显，钉子开始陷入面板或拔出面板，有木屑脱落	3.2-(e)
	2	423 kN(−406 kN)		
	3	404 kN(−399 kN)		
±0.6Δ_m (1/50)	1	481 kN(−460 kN)	面板角部钉节点很多已破坏，边部钉节点的钉子有拔出现象	—
	2	489 kN(−440 kN)		
	3	415 kN(−416 kN)		
±0.7Δ_m (1/43)	1	505 kN(−472 kN)	边部钉节点较多钉子开始拔出破坏，角部钉节点大部分破坏；楼板水泥面层在加载头处出现明显斜裂缝（宽度在2 mm左右）其他地方出现许多细微裂缝（宽度小于1 mm）	3.2-(f) 3.2-(g)
	2	445 kN(−459 kN)		
	3	442 kN(−434 kN)		

续　表

加载级数	循环	实测中柱侧移/力（推正拉负）	试　验　现　象	对应图
±0.8Δ_m（1/37）	1	493 kN（−481 kN）	木剪力墙中钉子部分已经被剪断，角部钉节点基本全部破坏；水泥楼面上加载处裂缝不断扩大，其余水泥楼面上新增了一些细微裂缝；结构达到承载力极限状态	3.2-(h)
	2	464 kN（−452 kN）		
	3	453 kN（−412 kN）		
±1.0Δ_m（1/30）	1	508 kN（−442 kN）	木剪力墙覆面板严重错位，大量钉节点撕裂破坏，亦有钉子拔出和剪断破坏；第三榀框架梁柱端焊缝断裂，该榀框架自此之后位移明显大于其他两榀框架；楼盖水泥面层上加载处裂缝扩大、开始裂开成小碎块，其余楼面处新增一些细微裂缝	3.2-(i) 3.2-(j)
	2	432 kN（−383 kN）		
	3	410 kN（−353 kN）		
±1.2Δ_m（1/24）	1	447 kN（−346 kN）	除了中间钉节点和少量边部钉节点，剪力墙上钉节点基本全部破坏；OSB 板倾斜很大，板与板之间有很大的缝隙；框架梁柱节点梁翼缘焊缝被拉断；结构承载力和刚度急剧下降	3.2-(k) 3.2-(l)
	2	373 kN（−346 kN）		
	3	347 kN（−326 kN）		

注：第一列括号内数字为该控制位移对应的层间位移角。

　(a) 角部钉连接破坏 1　　　　(b) 角部钉连接破坏 2　　　　(c) 角部钉连接破坏 3

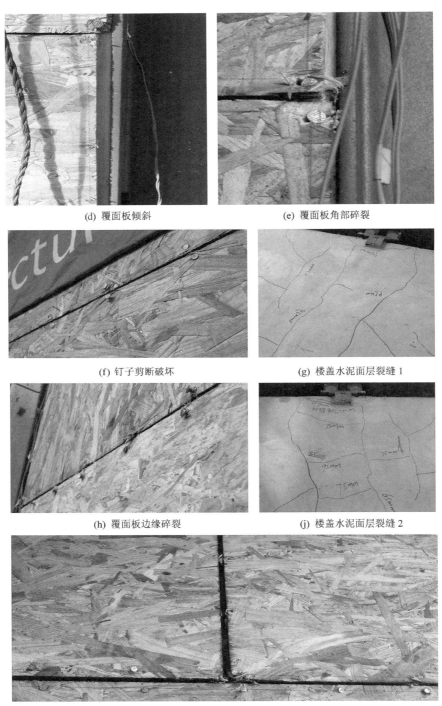

(d) 覆面板倾斜

(e) 覆面板角部碎裂

(f) 钉子剪断破坏

(g) 楼盖水泥面层裂缝 1

(h) 覆面板边缘碎裂

(j) 楼盖水泥面层裂缝 2

(i) 覆面板边缘钉连接节点的破坏

(k) 覆面板严重倾斜　　　　　(l) 楼盖水泥面层在加载点处被局部挤碎

图 3‑12　试件 B 往复加载试验现象

3.3.2　初始刚度

按照前述方法,可以获得每榀钢木混合抗侧力体系所承担的剪力。通过工况 1 与工况 4 试验结果的对比分析,可以得到试件 A 中 3 个钢木混合抗侧力体系(A‑1、A‑2 和 A‑3)在木剪力墙安装前后的抗侧刚度变化;同理试件 B 中 3 个钢木混合抗侧力体系(B‑1、B‑2 和 B‑3)在木剪力墙安装前后的抗侧刚度变化可通过工况 6 与工况 9 试验结果的对比分析得到。试验所得的钢木混合抗侧力体系在木剪力墙安装前后的抗侧刚度列于表 3‑7 中。

表 3‑7　钢木混合抗侧力体系的初始刚度

试件编号		空框架抗侧刚度 /(kN/mm)	安装木剪力墙后的抗侧刚度/(kN/mm)	安装木剪力墙后刚度增长百分比/%
试件 A	A‑1	1.678	6.139	266
	A‑2	1.704	6.197	264
	A‑3	1.676	6.245	273
试件 B	B‑1	1.812	12.867	610
	B‑2	1.859	12.782	588
	B‑3	1.850	12.856	595

可以看到,木剪力墙的安装极大地提高了空框架的抗侧刚度。试件 A 安装了单面覆板剪力墙,其构成的混合体系抗侧刚度较空钢框架时提高了 264%~273%;试件 B 安装了双面覆板剪力墙,其构成的混合体系抗侧刚度较空钢框架时提高了 588%~610%。

3.3.3 荷载-位移曲线

通过工况 5 和工况 10 的往复加载试验,可得到试件 A、B 中 6 个钢木混合竖向抗侧力体系在往复荷载作用下的荷载位移曲线,如图 3-13 所示。图中红色、蓝色和绿色曲线分别为荷载位移曲线的第一、第二和第三包络线。

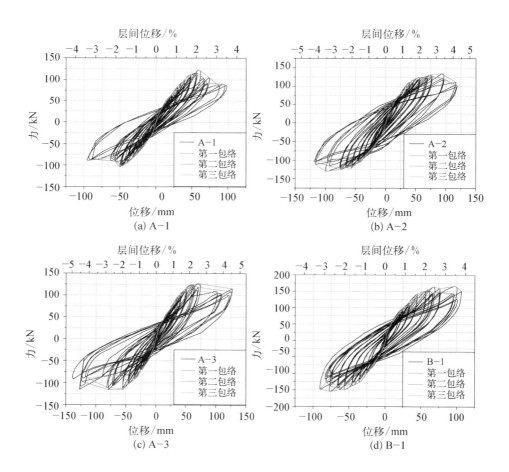

(a) A-1

(b) A-2

(c) A-3

(d) B-1

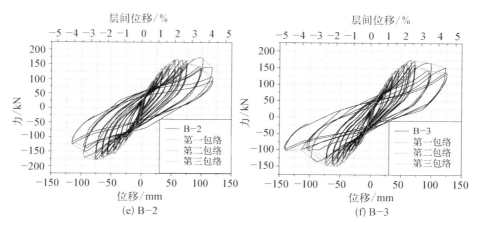

图 3-13　钢木混合抗侧力体系在往复荷载作用下的荷载-位移曲线

3.3.4　结构耗能和刚度退化

钢木混合结构竖向抗侧力体系所耗散的能量可由荷载-位移曲线直接得到。对于往复加载试验,体系在整个过程中所耗散的能量应为所有滞回环面积的总和。6 个钢木混合抗侧力体系在反复荷载作用下耗能曲线如图 3-14 所示。表 3-8 亦列出了各抗侧力体系的总耗能。累计总位移为试件在拉压两个方向所经历的总位移。

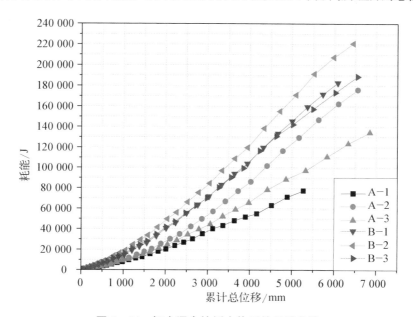

图 3-14　钢木混合抗侧力体系的耗能曲线

表 3-8　钢木混合抗侧力体系的耗能

试　件　编　号		总耗能/J	破坏时的累计位移/mm
试件 A	A-1	77 216.31	5 271.24
	A-2	175 970.54	6 562.04
	A-3	134 336.09	6 852.49
试件 B	B-1	182 752.31	6 084.36
	B-2	220 789.08	6 455.73
	B-3	188 674.83	6 553.02

从表 3-8 可见,双面覆板钢木混合结构竖向抗侧力体系的总耗能比单面覆板时提高了 25%～40%。同时,粘滞阻尼系数 ε_{eq} 是反映结构耗能能力大小的指标之一,具体计算方法如下:

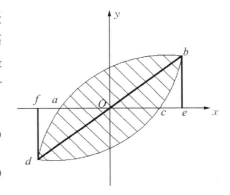

$$\varepsilon_{eq} = E/2\pi \qquad (3-3a)$$

$$E = \frac{S_{(abc+cda)}}{S_{(obe+odf)}} \qquad (3-3b)$$

图 3-15　耗能系数计算示意图

式中,E 为耗能系数,如图 3-15 所示;$S_{(abc+cda)}$ 为滞回曲线的一个循环所包围的面积,是墙体在一个循环中所耗散的能量总和;$S_{(obe+odf)}$ 为墙体在弹性范围内所吸收的能量。6 个墙体试件各级循环的等效黏滞阻尼比的计算结果列于表 3-9 中。

表 3-9　钢木混合抗侧力体系在各级循环下的等效黏滞阻尼比

试　　件	位移等级	第一次循环 ε_{eq}	第二次循环 ε_{eq}	第三次循环 ε_{eq}
A-1	$0.2\Delta_m$	0.093 91	0.075 87	0.079 10
	$0.3\Delta_m$	0.071 72	0.071 27	0.068 51
	$0.4\Delta_m$	0.084 44	0.077 69	0.064 62
	$0.5\Delta_m$	0.080 49	0.071 39	0.065 22
	$0.6\Delta_m$	0.088 82	0.079 82	0.070 57
	$0.7\Delta_m$	0.093 45	0.092 58	0.090 12
	$0.8\Delta_m$	0.132 13	0.125 27	0.091 98
	Δ_m	0.110 17	0.102 75	0.084 85

试　件	位移等级	第一次循环 ε_{eq}	第二次循环 ε_{eq}	第三次循环 ε_{eq}
A - 2	$0.2\Delta_m$	0.089 11	0.073 85	0.080 90
	$0.3\Delta_m$	0.076 66	0.074 55	0.073 41
	$0.4\Delta_m$	0.096 59	0.093 49	0.076 51
	$0.5\Delta_m$	0.099 77	0.091 70	0.090 17
	$0.6\Delta_m$	0.121 86	0.116 04	0.108 68
	$0.7\Delta_m$	0.145 41	0.148 43	0.142 78
	$0.8\Delta_m$	0.165 15	0.171 15	0.159 20
	Δ_m	0.195 20	0.211 34	0.193 16
A - 3	$0.2\Delta_m$	0.091 87	0.077 42	0.086 06
	$0.3\Delta_m$	0.082 55	0.074 45	0.070 58
	$0.4\Delta_m$	0.092 59	0.086 20	0.074 77
	$0.5\Delta_m$	0.091 80	0.082 77	0.080 91
	$0.6\Delta_m$	0.103 13	0.094 82	0.123 21
	$0.7\Delta_m$	0.123 12	0.107 93	0.105 14
	$0.8\Delta_m$	0.134 71	0.121 91	0.140 89
	Δ_m	0.180 99	0.149 71	0.122 81
B - 1	$0.2\Delta_m$	0.126 00	0.093 79	0.086 85
	$0.3\Delta_m$	0.093 68	0.084 25	0.082 79
	$0.4\Delta_m$	0.106 75	0.089 91	0.086 17
	$0.5\Delta_m$	0.115 68	0.102 57	0.098 42
	$0.6\Delta_m$	0.126 00	0.136 91	0.117 35
	$0.7\Delta_m$	0.144 06	0.135 81	0.136 93
	$0.8\Delta_m$	0.153 15	0.156 62	0.151 11
	Δ_m	0.170 49	0.184 07	0.176 00
B - 2	$0.2\Delta_m$	0.141 10	0.103 07	0.097 60
	$0.3\Delta_m$	0.104 40	0.093 05	0.090 07
	$0.4\Delta_m$	0.120 95	0.098 96	0.095 16
	$0.5\Delta_m$	0.129 06	0.114 45	0.108 89

试　件	位移等级	第一次循环 ε_{eq}	第二次循环 ε_{eq}	第三次循环 ε_{eq}
B-2	$0.6\Delta_m$	0.134 47	0.134 23	0.124 80
	$0.7\Delta_m$	0.149 27	0.141 98	0.143 88
	$0.8\Delta_m$	0.155 58	0.150 75	0.148 36
	Δ_m	0.177 32	0.190 74	0.194 19
B-3	$0.2\Delta_m$	0.128 82	0.103 13	0.097 04
	$0.3\Delta_m$	0.099 32	0.090 15	0.088 97
	$0.4\Delta_m$	0.108 25	0.093 67	0.090 17
	$0.5\Delta_m$	0.116 56	0.101 20	0.096 79
	$0.6\Delta_m$	0.123 86	0.129 32	0.112 10
	$0.7\Delta_m$	0.134 96	0.124 11	0.125 73
	$0.8\Delta_m$	0.143 83	0.142 79	0.142 41
	Δ_m	0.192 79	0.191 54	0.157 43

　　从表 3-9 中的数据可以看出,钢木混合抗侧力体系的黏滞阻尼系数均在 0.07～0.2 之间,在同级位移下的 3 次循环中,第三次循环的结构黏滞阻尼系数＜第二次循环的黏滞阻尼系数＜第一次循环的黏滞阻尼系数,与试验中试件的损伤累积及捏缩现象相对应。

　　根据《建筑抗震试验方法规程》(JGJ 101—96)的规定,框架的刚度可以采用割线刚度来表示,割线刚度 K_i 的计算方法如下:

$$K_i = \frac{|+F_i|+|-F_i|}{|+\Delta_i|+|-\Delta_i|} \qquad (3-4)$$

式中,F_i 为第 i 次循环的峰值荷载;Δi 为第 i 次循环的峰值位移。图 3-16 显示了 6 个钢木混合抗侧力体系在往复荷载作用下的刚度退化曲线。

　　可以看到,钢木混合抗侧力体系在往复荷载作用下具有明显的刚度退化现象,其退化程度由快变慢,刚度退化主要发生在 $0.3\Delta_m$ 以内的加载循环。在相同荷载循环下,双面覆板的钢木混合抗侧力体系的刚度大约为单面覆板体系的 2 倍。

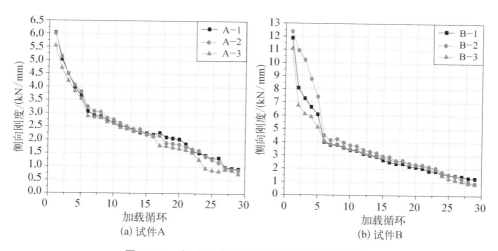

图 3 - 16　钢木混合抗侧力体系的刚度退化曲线

3.3.5　骨架曲线分析

钢木混合抗侧力体系的骨架曲线(图 3 - 17)或滞回曲线的第一包络线是对其抗侧力性能的综合反应,本节采用通过往复加载试验所得的包络线进行骨架曲线分析。试件 A 和试件 B 中各抗侧力体系的第一包络线如图 3 - 17 所示。研究中采用 EEEP(equivalent energy elastic plastic)曲线来定义钢木混合抗侧力体系相应的弹性比例极限和屈服点。根据 EEEP 曲线如图 3 - 18 所示,从原点至墙体破坏位移的面积与单向荷载作用下的荷载-位移曲线,或往复荷载作用下的第一循环包络线下从原点至墙体破坏位移面积相同的原则定义 EEEP 曲线。该曲线是屈服荷载、屈服位移、墙体破坏位移、荷载-位移曲线下面积和弹性阶段侧向刚度的函数。

(1)弹性阶段刚度 K_e

根据 ASTM - E2126[167]标准,将荷载-位移曲线(或第一循环包络线)上原点和荷载值达到极限荷载 40% 时的 P_{peak} 所对应点的连线斜率定义为墙体在弹性阶段的刚度。通过弹性阶段的刚度可以利用 EEEP 曲线来确定墙体的屈服荷载和屈服位移:

$$K_e = 0.4 P_{\text{peak}} / \Delta_{0.4 F_{\text{peak}}} \tag{3-5}$$

(2)屈服荷载 P_{yield} 和屈服位移 Δ_{yield}

根据弹性阶段的刚度确定 EEEP 曲线上的弹性阶段。EEEP 曲线上的弹性

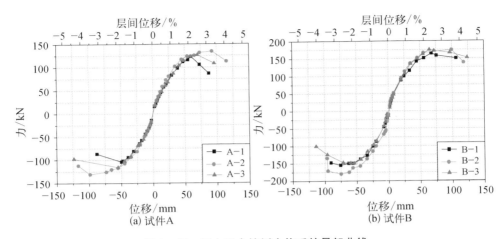

图 3-17　钢木混合抗侧力体系的骨架曲线

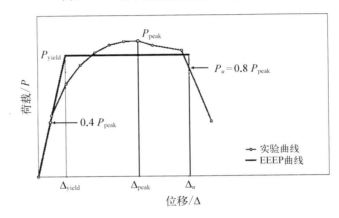

图 3-18　EEEP 曲线

阶段从原点开始至屈服点结束。曲线的塑性阶段为一水平直线直至墙体的破坏位移。假设屈服荷载 P_{yield} 是弹性阶段刚度、荷载-位移曲线下面积和墙体破坏位移的函数，可以按照下式进行计算：

$$当 \Delta_u^2 \geqslant \frac{2A}{K_e} 时, P_{yield} = \left(\Delta u - \sqrt{\Delta_u^2 - \frac{2A}{K_e}} \right) K_e \tag{3-6a}$$

$$当 \Delta_u^2 < \frac{2A}{K_e} 时, P_{yield} = 0.85 P_{peak} \tag{3-6a}$$

式中，P_{yield} 为屈服荷载；A 为骨架曲线或滞回曲线包络线下方从原点至墙体破坏位移的面积。一旦屈服荷载确定，则可根据下式确定屈服位移：

$$\Delta_{\text{yield}} = P_{\text{yield}}/K_e \qquad (3-7)$$

（3）延性系数

延性是指结构从屈服开始到达最大承载能力或到达以后，承载能力还没有明显下降期间的变形能力。延性好的结构，后期变形能力大，在达到屈服或最大承载能力状态后仍能吸收一定的能量，能避免脆性破坏的发生。因此，延性系数是衡量结构抗震性能的一个重要指标。将墙体破坏时的变形与屈服时的变形的比值定义为墙体延性系数。

$$D = \Delta_u/\Delta_{\text{yield}} \qquad (3-8)$$

图 3 - 15 所示的 6 个抗侧力体系的骨架曲线基本对称，因此，以下采用正向加载和反向加载的平均骨架曲线来计算钢木混合结构抗侧力体系的 EEEP 参数，计算结果列于表 3 - 10 中。

表 3 - 10　钢木混合抗侧力体系的 EEEP 参数计算结果

	极限荷载 P_{peak}/kN	弹性阶段刚度 K_e/(kN/mm)	屈服荷载 P_{yield}/kN	屈服位移 /mm	极限位移 /mm	延性系数 D
A - 1	123.06	3.50	103.38	29.58	78.72	2.66
A - 2	132.49	3.82	118.79	31.06	115.99	3.73
A - 3	126.84	3.56	110.55	31.05	109.80	3.54
B - 1	157.01	5.08	143.26	28.22	98.59	3.49
B - 2	179.38	6.03	160.10	26.56	105.58	3.98
B - 3	161.85	4.91	144.35	29.40	115.12	3.92

3.4　钢框架与木剪力墙的协同工作性能分析

在钢木混合抗侧力体系中，剪力由钢框架和剪力墙共同承担，通过式（3 - 1）至式（3 - 2）可以求得，6 个钢木混合抗侧力体系中钢框架和剪力墙所分别承担的剪力。图 3 - 19 列出了 6 个钢木混合抗侧力体系中，钢框架和剪力墙在往复荷载作用下分别承担的剪力 - 位移曲线。以 A - 1 为例，在每一相同位移值下，图 3 - 19(a) 和 3 - 19(b) 的相应点的纵坐标之和（钢框架和木剪力墙承担的剪力之和）等于图 3 - 13(a) 相应位移值下的纵坐标值（混合体系承担的总剪力）。

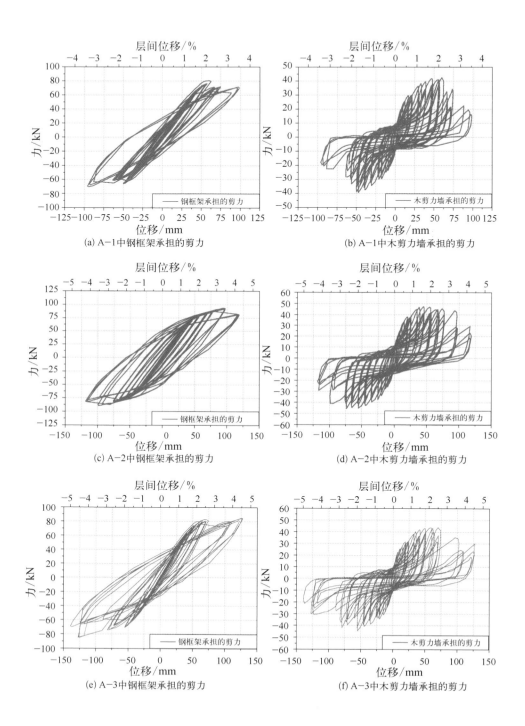

(a) A-1中钢框架承担的剪力

(b) A-1中木剪力墙承担的剪力

(c) A-2中钢框架承担的剪力

(d) A-2中木剪力墙承担的剪力

(e) A-3中钢框架承担的剪力

(f) A-3中木剪力墙承担的剪力

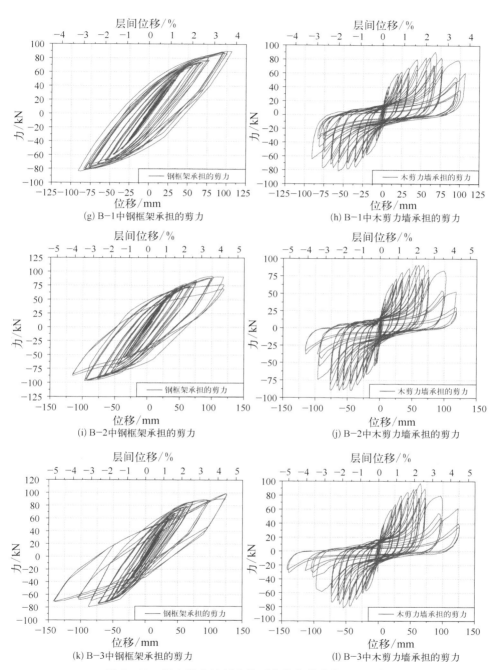

图 3‑19　钢木混合抗侧力体系在往复荷载作用下钢框
架和木剪力墙中分别分担的剪力‑位移曲线

　　由上图可以看出,钢框架和木剪力墙中的剪力符合各自承载力特征,因此,可认为,试验中使用此方式计算钢木混合抗侧力体系中钢框架和木剪力墙中各自承担的剪力是合理可行的。图 3－19(a)、图 3－19(c)和图 3－19(k)中的曲线均在 80～120 mm 的加载循环附近呈明显的跳跃现象,这是由于这些钢框架梁柱节点焊缝在试验中的断裂造成的,而 B－1 试件在整个加载过程中梁柱节点均完好,则其相应的钢框架剪力滞回曲线也非常对称,如图 3－19(g)和图 3－19(h)所示。

　　计算得到钢木混合结构中钢框架和木剪力墙分别承担的剪力之后,便可进行两者的协同工作性能分析。试件 A 和试件 B 中,钢木混合抗侧力体系中钢框架和木剪力墙对混合体系分担的剪力比率如图 3－20 所示。由图 3－20 可见,侧向力在钢框架和木剪力墙中的分配具有一定规律,在结构承担侧向荷载的初始阶段(侧移 20 mm 以内),木剪力墙承担了混合体系的大部分剪力:对于单面覆板的试件 A,该比例为 50％～75％;对于双面覆板的试件 B,该比例为 65％～95％。这也是木剪力墙对钢框架结构侧向刚度提高比例很大的原因。随着结构侧移的增大,钢框架承担的剪力比例逐渐提高,直到结构破坏为止。试件 B 因采用了双面覆板的木剪力墙,其木剪力墙的作用更为明显,直到结构到达极限状态时(侧移为 80 mm),剪力墙仍然承担了抗侧力体系中 50％以上的荷载,而此时试件 A 中剪力墙承担荷载比例已经下降到 35％左右。根据图 3－17 中曲线,还可以绘制出每一个滞回环下钢框架和木剪力墙分别消耗的能量占混合体系总耗能的比例,如图 3－21 所示。因结构滞回曲线在 30 mm($0.3\Delta_m$)以后的往复加载阶段才具有较明显的包围面积,故图 3－21 所示的耗能比例曲线从 $0.3\Delta_m$ 以后的滞回曲线开始统计。

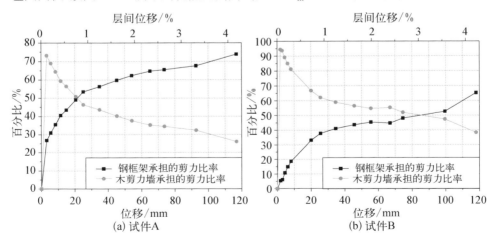

图 3－20　钢框架和木剪力墙在钢木混合体系中分担的剪力比率

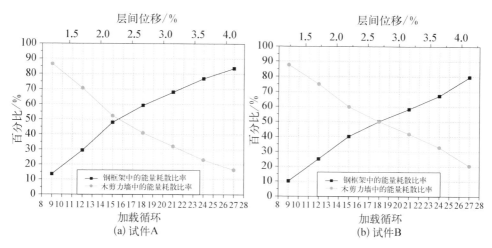

图 3-21　钢框架和木剪力墙在钢木混合体系中的耗能比率

钢木混合抗侧力体系在加载初期,其耗能主要由木剪力墙提供,当加载至 0.5~0.6 倍控制位移时,木剪力墙已经基本破坏,其耗能主要由钢框架提供。

钢框架和木剪力墙在钢木混合抗侧力体系中耗能比率如图 3-21 所示。通过剪力分配规律的分析,研究了钢木混合抗侧力体系中钢木间的协同工作性能。试验结果显示,钢木混合抗侧力体系中,木剪力墙对体系的弹性阶段抗侧力刚度有重要影响,木剪力墙越强,体系抗侧刚度越大。双面覆板试件 B 的弹性抗侧刚度约为单面覆板试件 A 的两倍。在试件加载初期,混合体系的剪力主要由木剪力墙承担,且耗能也主要体现在木剪力墙上,当木剪力墙进入塑性阶段后(加载至 0.5~0.6 倍控制位移时),木剪力墙体现出强烈的刚度和强度退化特性,其承担的剪力也逐渐减小。钢框架在此时承担了大部分剪力,同时随着钢框架中钢构件的屈服,混合结构体系的耗能也逐渐由钢框架提供。

3.5　本 章 小 结

本章主要介绍了足尺寸钢木混合结构抗侧力性能试验。试验得到的主要结论如下:

(1) 钢木混合结构竖向抗侧力体系的破坏模式为首先木剪力墙钉连接破坏,继而钢框架屈服。由于钢木之间采用足够的螺栓连接,未发现木剪力墙墙骨柱上拔等破坏模式。整个试验过程中,钢木之间的螺栓连接均未出现破坏,说明这些连接满足钢框架和木剪力墙的协同工作条件。

（2）木剪力墙的安装对钢框架的弹性抗侧刚度有很大提高,对于填充单面覆板木剪力墙的钢框架,其弹性抗侧刚度提高为原来的 2.64～2.73 倍;对于填充双面覆板木剪力墙的钢框架,其弹性抗侧刚度提高为原来的 5.88～6.10 倍。

（3）钢木混合结构试验试件具有较好的延性。钢木混合抗侧力体系在往复荷载作用下具有明显的刚度退化现象,其退化程度由快而慢,刚度退化主要发生在 $0.3\Delta_m$ 以内的加载循环。相同荷载循环下,双面覆板钢木混合抗侧力体系的刚度约为单面覆板钢木混合抗侧力体系的两倍。

（4）钢木混合抗侧力体系的黏滞阻尼系数为 0.07～0.2,在同级位移下的 3 次加载循环中,第三次循环的结构黏滞阻尼系数＜第二次循环的黏滞阻尼系数＜第一次循环的黏滞阻尼系数,与试验中试件的损伤累积以及捏缩现象相对应。

（5）对于单面覆板钢木混合抗侧力体系,其极限承载力、屈服荷载、弹性阶段刚度、延性系数分别为 123.06～126.84 kN、103.38～110.55 kN、3.50～3.82 kN/mm 和 2.66～3.73;对于双面覆板钢木混合抗侧力体系,其极限承载力、屈服荷载、弹性阶段刚度、延性系数分别为 157.01～179.38 kN、143.26～160.10 kN、5.08～6.03 kN/mm 和 3.49～3.98。

（6）钢、木协同工作方面,侧向力在钢框架和木剪力墙中的分配具有一定的规律:在结构承担侧向荷载的初始阶段(侧移 20 mm 以内),木剪力墙承担了混合体系的大部分剪力。对于单面覆板的试件 A,该比例为 50%～75%;对于双面覆板的试件 B,该比例为 65%～95%;在试件加载初期,混合体系的耗能主要体现在木剪力墙上,当木剪力墙进入塑性阶段后(加载至 0.5～0.6 倍控制位移后),木剪力墙内的剪力逐渐减小,钢框架则在此时承担了大部分剪力,同时随着钢框架中钢构件的屈服,混合结构体系的耗能也逐渐由钢框架提供。

本章通过钢木混合结构试件的单向和往复加载试验,得到了其抗侧力性能参数、破坏模式和钢、木间的协同工作关系等,试验结果还将作为后续数值模型的校核,以便采用数值模型进一步对钢木混合结构竖向抗侧力体系的抗震性能进行研究。

第 **4** 章

钢木混合结构数值模拟

本章在前述试验的基础上,采用有限元手段,建立了钢木混合结构的数值模型。对于混合结构中的钢构件,通用有限元软件中均有相应成熟的模拟技术;然而,对木剪力墙而言,通用软件中没有适合的非线性单元对其进行模拟。因此,本章在 ABAQUS 有限元软件中,通过特殊单元子程序接口开发了用户自定义非线性弹簧单元,以实现对木剪力墙的数值模拟。本章着重介绍了模拟木剪力墙的相关算法,在特殊单元子程序中的实现和钢木混合结构整体有限元模型的建立。最后,通过数值模拟结果和试验结果的对比,对所建立数值模型的有效性进行验证。

4.1 木剪力墙的理论分析方法

木剪力墙为钢木混合结构中抗侧力体系的重要组成部分。在对木剪力墙抗侧力性能研究的过程中,由于受到试验条件、试验设备、研究经费等的限制,不可能对其抗侧力性能的各个影响因素进行反复试验研究。因此,很多学者提出了行之有效的力学分析方法或木剪力墙数值模型,从而研究构造各异木剪力墙的抗侧力性能和破坏模式。

4.1.1 传统力学分析方法

为了计算木剪力墙的抗侧力性能并为工程应用提供指导,学者们提出了诸多木剪力墙的传统力学分析方法。早在 1978 年,Tuomi 和 McCutcheon[168] 便提出了木剪力墙抗侧承载力的计算方法,并通过该方法与试验结果的对比,验证了其有效性。然而,在他们提出的计算方法中,对单个钉子的荷载-位移关系假设为线性。因此,该方法仅适用于木剪力墙在小变形范围内的承载力估计。1982年,Itani等[169]提出了将木剪力墙简化为带有对角弹簧的框架模型,并考虑墙体开洞等复杂构造形式,采用通用计算程序对木剪力墙的抗侧承载力进行估计。1985年,McCutcheon[170]提出了考虑钉子非线性的木剪力墙变形计算公式。钉连接本构关系可采用指数曲线、对数曲线、渐近线和反正切曲线4种非线性曲线代替,继而根据面板钉的荷载-位移曲线,采用能量法确定墙体的抗侧力性能。McCutcheon的计算公式虽考虑了覆面板材的剪切变形,但此方法主要的不足仍在于只能适用于小变形范围,随着变形的增加,木剪力墙发生明显的刚度退化,该方法便可能大大低估墙体的变形。1988年,Gutkowski和Castillo[171]提出了木剪力墙在单向荷载作用下的数学分析模型。此模型可对单面铺板及双面铺板的剪力墙进行承载力估计。1998年,Ni等[172]提出了计算开洞剪力墙承载力的两种方法:一种方法,考虑了所有墙段的抗剪承载力,包括位于洞口上、下的墙段;另一种方法,忽略了所有洞口上、下墙段的抗剪承载力。他们还通过10片剪力墙的单向及往复荷载试验结果来验证该计算方法,并在试验中考虑了竖向荷载的作用。研究认为,为简便起见,可忽略洞口上方的墙体对木剪力墙抗侧承载力的贡献,且其提出方法的计算结果与试验吻合较好。

综上所述,木剪力墙的传统力学分析方法具有计算简便和易于应用等优点。然而,这些理论计算方法均对木剪力墙钉连接的非线性考虑不足,在侧向位移较大时,这些模型难以准确模拟木剪力墙进入非线性后的抗侧力性能。

4.1.2 有限元模拟方法

近30多年来,随着计算机技术的快速发展有限元方法得到了广泛的应用。利用经过试验结果校核的有限元模型,可方便地计算不同构造、不同尺寸和不同边界条件墙体的抗侧力性能。有限元模拟方法除了能了解结构的整体反应外,还可提供结构细部和单个构件的变形和内力。针对木剪力墙的有限元模拟,各国学者在对其抗侧力性能进行深入了解后,开发了很多专门用于木剪力墙结构分析程序。

1977年,Foschi[173]首先建立了木剪力墙的有限元模型。在此模型中,墙面板、墙体骨架、骨架钉连接和面板钉连接分别采用壳单元、梁单元、线性弹簧单元和非线性弹簧单元进行模拟。钉连接的骨架曲线采用了指数型曲线模型。通过与试验数据的对比,该有限元模型可以较好地估计剪力墙在单向荷载作用下的极限承载力和位移。随后,Foschi还编制了用于分析平面木结构构件在单向荷载作用下性能的 PANEL 程序,经过扩展之后也可用于三维结构的分析。模型中,每个节点有 7 个自由度,适用于多种荷载条件和结构布置形式,并可以考虑钉子的旋转与拔出以及墙面板的平面内变形。

1988 年,Nateghi[174]建立了轻型木结构房屋的整体有限元模型。该模型中,墙体通过一对具有线性刚度的交叉受拉杆单元模拟,杆单元的端部设为铰接。然而,研究表明,此模型只适用于模拟重力、风等荷载为主的轻型木结构房屋,对于地震荷载作用下的房屋模拟,需添加模型中墙体和连接单元的非线性特征。

1990 年,Dolan[135]编制了木剪力墙的有限元分析程序 SHWALL,模型中考虑了面板钉连接的非线性性能,相邻覆面板承载力和覆面板平面外弯曲等因素对木剪力墙抗侧力性能的影响。

2001 年,Folz 和 Filiatrault[175]建立了离散质量-刚度的动力有限元分析模型,并将此模型应用到轻型木结构地震分析计算机程序 SAWS(seismic analysis of wood-frame structures)中。在该有限元程序中,木剪力墙被简化成简单的非线性剪力弹簧。剪力墙的滞回特性由骨架曲线及一些事先定义好的在最大位移和最小位移之间的直线段构成。钉连接节点的数据通过对试验数据的拟合得到,剪力墙弹簧的数据则是通过对剪力墙往复荷载作用下的细致有限元模拟得到的。

2002 年,He[176]编制了轻型木结构分析专用的有限元程序 LIGHT3D。程序的特点是采用了 Foschi[173]提出的方法模拟钉连接节点的滞回规律,此模型只需要木材和钉子的基本材料属性,而不需要钉连接试验的拟合数据。He 为了验证模型的有效性,进行了木剪力墙试验和足尺木结构房屋振动台试验,模拟结果与试验结果吻合较好。

2003 年,Bryan 等[177]编制了分析木结构剪力墙的专用程序 CASHEW,程序采用梁单元模拟墙骨架、板单元模拟墙面板、非线性弹簧单元模拟钉连接,可用于单向和往复荷载作用下剪力墙抗侧力性能的计算。

2004 年,Hongyong[178]采用有限元软件 Sap2000 建立了剪力墙的有限元模型。模型中采用框架单元(Frame 单元)模拟墙体骨架,采用板单元(Panel 单元)模拟墙面板,采用非线性连接单元(Link 单元)模拟钉连接节点。钉连接单元的本构关系由试验数据拟合得到。为了确保与试验的情况一致,在模型中还模拟了加载梁、底梁板的锚栓和荷载传感器等边界条件。模型能够较好模拟剪力墙在单向荷载作用下抗侧力性能。由于并没有引入钉连接节点的滞回模型,故不能进行往复荷载作用下的模拟。

周丽娜(2008)[179]采用通用有限元软件 Sap2000,对 4.88 m×4.88 m 有、无横撑高剪力墙和 6.10 m×6.10 m 无横撑高剪力墙共 96 面墙体进行了静力单向加载的有限元分析。得到了不同构造因素对高剪力墙抗侧力性能的影响。

2007 年,程海江[108]采用通用有限元软件 ABAQUS,对不同构造的剪力墙进行了单向及往复荷载作用下的模拟分析。钉连接采用了 Johnn[180] 提出的两节点自定义弹簧单元,钉连接节点的恢复力模型参数由试验数据拟合得到。分别采用梁单元和板单元模拟墙骨架和面板。通过与试验数据的对比,表明采用有限元软件 ABAQUS 和用户自定义单元分析剪力墙有明显的优点和足够的精度。2010 年,周楠楠[91]采用基于 ABAQUS 的特殊单元子程序手段,对木剪力墙的抗侧力性能进行了数值模拟。其中,木剪力墙的钉连接节点本构采用改进的 Stewart 模型。同时,还采用该模型对一个 3 层轻型木结构建筑进行了地震时程分析,并提出了轻型木结构弹性和弹塑性层间位移角限值的建议值。

2009 年,Xu 和 Dolan[181]采用通用有限元软件 ABAQUS 建立了墙体的有限元模型。该模型的特点是对通用的滞回模型 Bouc-Wen-Barer-Wen(BWBN)进行了改进,使其能够反应钉连接节点的滞回性能,并能在计算中考虑钉连接节点的强度、刚度退化和捏缩效应等特点,模拟结果可以较好地与试验结果吻合。

4.1.3　木剪力墙中钉连接的模拟

以上的研究表明,木剪力墙的非线性性质主要通过钉连接来表现。面板钉连接是轻型木剪力墙抗侧力性能的主要影响因素。墙体的失效也一般是由于钉连接节点的失效而引起。因此,学者们都将对钉连接节点的合理模拟作为木剪力墙数值模拟的基础,并开发了多种木结构模拟专用软件。可见,在钢木混合结构中,为了较好模拟结构的抗侧力性能,需在有限元模型中对内填木剪力墙的非线性性质进行合理体现。从模拟木结构中钉连接行为的方法上,又可将木结构钉连接模型分为基于现象学模型和基于力学模型。

一典型钉连接节点在往复荷载作用下的滞回曲线如图 4-1 所示。可见,往复荷载作用下,木结构钉连接节点的滞回曲线具有高度的非线性、捏缩、强度退化、刚度退化和与加载历史相关等特性。诸多学者通过对滞回曲线模型定义往复荷载作用时加载、卸载、反向加载和反向卸载的路径,并结合一系列有条件使用的公式和滞回曲线形状特征等参数,模拟往复荷载作用下钉连接节点荷载-位移曲线的特性和规律,形成了基于现象的木结构钉连接模型。

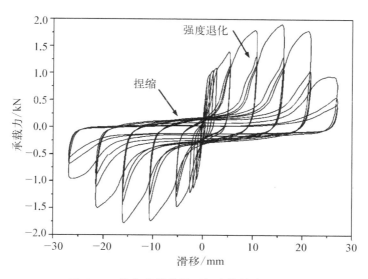

图 4 - 1　往复荷载作用下钉连接的滞回曲线

　　较为常用的基于现象的木结构钉连接模型有 Clough 滞回模型、Q-Hyst 滞回模型和改进的 Stewart 滞回模型,以下分别简要介绍这三个基于现象学滞回模型的基本原理。

（1）Clough 滞回模型

　　如图 4 - 2 所示,该滞回模型由 Clough[182]在 1996 年提出。在加载过程(位移沿一个方向增加)中,随着位移的增加荷载沿包络线变化。如果在此过程中发

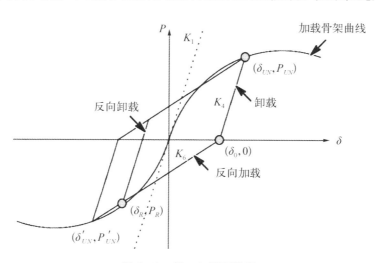

图 4 - 2　Clough 滞回模型

生卸载,卸载路径为直线,由卸载点(δ_{UN},P_{UN})和卸载刚度K_4确定,继续卸载至连接节点的力为零,此时的位移记为δ_0。卸载刚度K_4等于连接的初始刚度K_1。反向加载的刚度K_6根据点(δ_0, 0)和卸载点的反向对称点(δ_{UN},P_{UN})通过计算确定。若未加载至(δ_{UN},P_{UN})点就反向卸载,则卸载路径将由卸载点(δ_R,P_R)和卸载刚度K_4确定。如果在通过反向卸载点(δ_{UN},P_{UN})之后继续反向加载,则加载路径将沿反向的包络线继续。Clough 滞回模型仅需要一个参数,即连接的初始刚度K_1。

(2) Q-Hyst 滞回模型

Saiidi 和 Sozen(1977)[183]对 Clough 模型的卸载刚度进行改进,使其能反映连接的刚度退化,称为 Q-Hyst 模型,如图 4-3 所示。当连接节点的位移超过屈服位移δ_{yield}时,其卸载刚度为初始刚度K_1的函数,由下式给出:

$$K_4 = K_1 \left(\frac{\delta_{yield}}{\delta_{UN}}\right)^{\alpha_{UN}} \tag{4-1}$$

式中,$K_4 \leqslant K_1$,除了对连接节点的位移超过屈服位移δ_{yield}时的卸载刚度进行了修正外,其他路径及参数的定义与 Clough 模型相同。Q-Hyst 滞回模型需要 3 个参数:K_1为连接初始刚度;α_{UN}为卸载刚度退化参数;δ_{yield}为屈服位移。

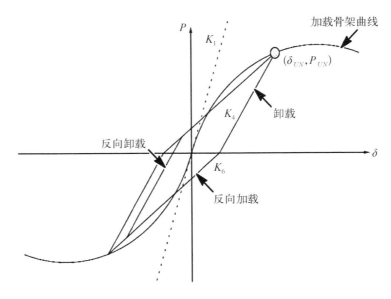

图 4-3 Q-Hyst 滞回模型

（3）改进的 Stewart 滞回模型

Folz 和 Filiatrault（2001）[184] 用改进了的 Dolan 指数骨架曲线模型和 Stewart 滞回模型来反映钉连接的特性。如图 4-4 所示，此模型的骨架曲线和滞回曲线均由直线构成，充分地考虑了强度和刚度的折减以及捏缩效应。反向加载刚度 K_6 由下式确定：

$$K_6 = K_1 \left(\frac{\delta_{\text{yield}}}{\delta_{LD}} \right)^{\alpha_{LD}} \tag{4-2a}$$

$$\delta_{LD} = \beta \delta_{UN} \tag{4-2b}$$

改进的 Stewart 滞回模型连同指数型骨架曲线模型共需要 10 个参数：K_1 为连接初始刚度；K_2 为强化段刚度；K_3 为下降段刚度；K_4 为卸载刚度；K_5 为软化段刚度；δ_{yield} 为屈服位移；α_{LD} 为反向加载刚度折减系数；β 为另一个与刚度退化有关的系数；P_0 为定义骨架曲线时，强化段和荷载轴交点；P_I 为软化段与荷载轴的交点。

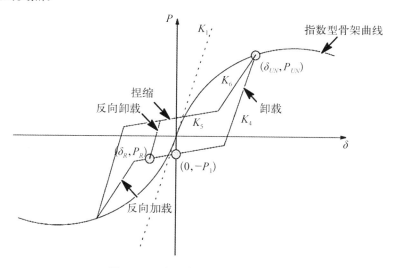

图 4-4　改进的 Stewart 滞回模型

可以发现，以上介绍的几种滞回模型均为采用一系列数学公式，按照木结构钉连接的滞回曲线形状而拟合相应参数，从而在数值模拟中通过这些参数的选用得到与试验结果类似的滞回曲线。此类模型的优点是形象直观，但该类模型的程序代码中需要大量判断语句。在使用该类模型时，需对程序代码进行完善的优化，否则，极易在模型中钉连接节点较多时出现不收敛的情况。此外，该类模型的应用时，需在不同曲线或直线交点处做特殊的平滑处理，当钉连接节点初始刚度较大时亦较多出现不收敛的情况。

由于基于现象学的钉连接模型具有上述缺点,故 Foschi 等[173,185,186]提出了一种基于力学的钉连接节点数值模型。该模型中,将连接中的钉子采用梁单元模拟,将连接中的木介质采用只压弹簧模拟,并据此提出了 HYST 算法,通过积分得到不同滑移下钉连接节点的反力。研究显示,该基于力学的钉连接模型具有很好的收敛性能和较高的计算效率,本章以 HYST 算法为根本,对钢木混合结构中的木剪力墙进行数值模拟。

4.2 木剪力墙数值模拟

4.2.1 精细化数值模型

本研究首先采用木结构计算专用有限元程序 WALL2D 对木剪力墙进行精细化建模。WALL2D 为加拿大英属哥伦比亚大学(The University of British Columbia)的 Timber Engineering and Applied Mechanics 研究团队编制的针对木结构剪力墙的专用有限元软件。其原型为 Foschi[173,185,186]编制的钉连接计算软件。在此基础上,Li 等[187]对该程序进行了优化,并对程序的参数输入和计算过程进行了可视化处理,从而形成了一套有效且易用的木剪力墙专用计算程序。WALL2D 木剪力墙非线性分析程序界面如图 4-5 所示。

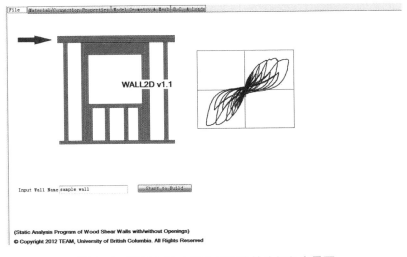

图 4-5 WALL2D 木剪力墙非线性分析程序界面

在 WALL2D 中,木剪力墙被简化为平面构件。其墙骨柱以线性梁单元模拟,覆面板以壳单元模拟,锚固件和 Hold-down 以线性弹簧单元模拟,面板钉连接节点的本构关系则采用 Foschi 提出的 HYST 算法确定。HYST 算法如图 4-6 所示,钉连接节点中的钉子通过弹塑性梁单元模拟,而其周围的木结构介质以只压非线性弹簧单元模拟。因木介质为只压弹簧,故当钉子与木材发生挤压时,木材的变形在加载方向改变时无法恢复,从而在钉子与木材间形成了缝隙,而这些缝隙的形成恰恰是节点刚度、强度退化和捏缩特性的原因。该模型中,当钉连接受力变形时,节点内力可通过钉子和只压弹簧的相互作用关系通过积分计算得到,从根本上避免了滞回曲线形状层面对钉连接节点的模拟,具有更好的稳定性和更快的计算速度。HYST 算法中木介质的力-位移关系如图 4-7 所示。

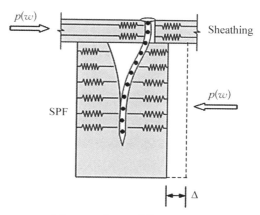

图 4-6　"HYST"算法示意图

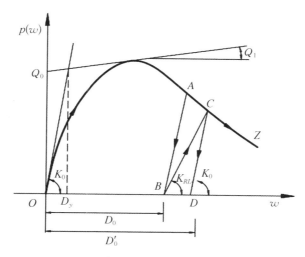

图 4-7　HYST 算法中木介质的力-位移关系

木介质的反力 $p(w)$ 可通过 5 个参数(Q_0,Q_1,Q_2,K,D_{max})确定,如式(4-3)所示。

$$\begin{cases} p(w) = (Q_0 + Q_1 w)(1 - e^{-K_0 w/Q_0}) & if \ w \leqslant D_{\max} \\ p(w) = P_{\max} e^{Q_3 (w - D_{\max})^2} & if \ w \geqslant D_{\max} \end{cases} \quad (4-3)$$

其中

$$P_{\max} = (Q_0 + Q_1 D_{\max})(1 - e^{-K_0 D_{\max}/Q_0}), \text{且} \ Q_3 = \frac{\log(0.8)}{\left[(Q_2 - 1.0)D_{\max}\right]^2}$$

该模型假定钉连接中的木介质由对数曲线表示,两条对数曲线相交于一最大值,$P_{\max}$(kN)。图 4-7 中,K_0(kN/mm)为木介质的初始抗压刚度;Q_1(kN/mm)和 Q_0(kN)为木介质第二阶段刚度和其与坐标轴的截距;w(mm)为木介质的变形,其具有最大值 $D_{\max}$(mm);Q_2 为最大变形 $D_{\max}$ 与 80% 最大承载力 $P_{\max}$ 所对应变形的比值。Li 等[187]对该模型进行了进一步优化,引入了模型卸载后再加载的刚度折减系数 K_{RL},并认为 K_{RL} 与木介质中的不可恢复变形大小 D_0 有关。K_{RL} 可由式(4-4)确定。

$$\begin{cases} K_{RL} = K_0 & if \ w \leqslant D_y \\ K_{RL} = \left(\dfrac{D_y}{D_0}\right)^\alpha K_0 & if \ w \geqslant D_y \end{cases} \quad (4-4)$$

其中,$D_y = Q_0/(K_0 - Q_1)$。式(4-4)规定一刚度折减系数 α,该系数可在钉连接参数确定时通过经验确定,一般取为 0.8。因此,在改进的木介质模型中,当沿线 AB 卸载后,木介质出现不可恢复变形 D_0,而重新加载时将沿着线 BC 行进,加载到 C 点后继续卸载到点 D,此时,木介质中的不可恢复变形也将被更新为 D_0'。

在使用 HYST 算法前,需要采用钉连接试验数据回归得到算法中的各项参数。本节基于第 2 章的面板钉连接节点试验,采用最小二乘回归分析方法,对应用在整体钢木混合结构试验中的木剪力墙钉连接各项参数进行了回归。因面板钉连接节点中,横纹和顺纹方向承载力差别不是很大,且在实际木剪力墙钉连接中多为横纹向和顺纹向混合受力的情况,因此在进行参数回归时,采用了第 2 章中横纹和顺纹方向钉连接试验的平均值。HYST 算法中,面板钉连接木介质参数的回归分析结果如表 4-1 所示。

将表 4-1 中的面板钉连接 HYST 参数输入到 WALL2D 计算软件中,并对试验中的内填木剪力墙进行细化建模,WALL2D 中面板钉连接的参数输入如图 4-8 所示。

表 4-1　面板钉连接木介质参数

木介质参数	SPF	Sheathing
$Q_0(\mathrm{kN/mm^2})$	0.357	0.236
$Q_1(\mathrm{kN/mm^2})$	0.011	0.014
Q_2	2.6	2.6
$K_0(\mathrm{kN/mm^2})$	2.242	0.9
$D_{\max}(\mathrm{mm})$	4.393	2.197

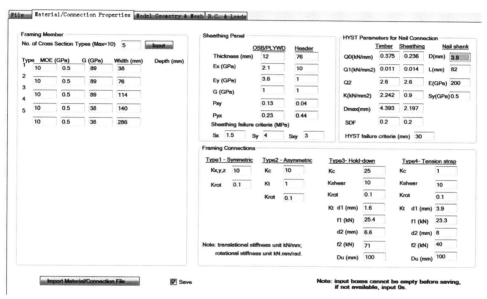

图 4-8　WALL2D 中面板钉连接的参数输入

图 4-9 为采用 WALL2D 建立的内填木剪力墙有限元模型,左侧为木剪力墙的骨架构件,右侧为面板布置与钉连接节点。采用与试验相同的加载制度在 WALL2D 中对该木剪力墙进行加载,计算所得的荷载-位移曲线如图 4-10 所示。

4.2.2　基于 ABAQUS 特殊单元子程序开发

如前所述,在往复荷载作用下,木剪力墙体现出充分的强度、刚度退化和捏缩等特性。目前,在通用结构分析软件中,均不具有可充分体现木剪力墙抗侧力性能的单元。而为模拟木剪力墙编制的专用计算程序,因其前处

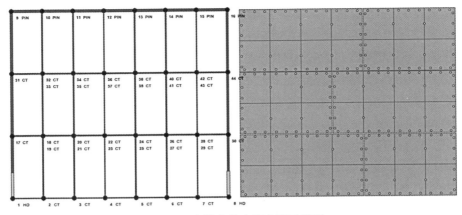

图 4 - 9　内填木剪力墙有限元模型

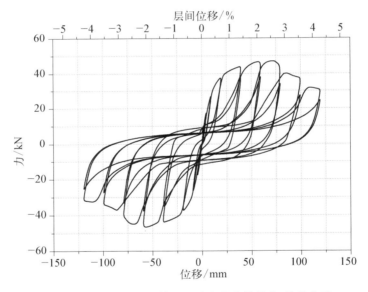

图 4 - 10　WALL2D 计算得到的木剪力墙荷载-位移曲线

理、后处理模块多不够完善,且对单元和节点个数多有所限制,故其在分析复杂结构体系时仍存在较大局限性。

通用有限元分析软件 ABAQUS 具有自定义单元子程序(UEL)接口,可让用户通过 FORTRAN 语言编制所需单元的程序代码,并通过该接口完成子程序与 ABAQUS 主程序的数据交换。这样一来,如果能将 HYST 算法通过子程序的途径植入 ABAQUS 有限元程序,创造新的非线性单元,不但可以应用 ABAQUS 强大的基于对象的图形化前处理和后处理模块,而且可以采用 ABAQUS 中已有单元对钢木混合结构中除木剪力墙外的结构构件进行模拟。此外,在非线性分析中,ABAQUS 求解器能对数值计算进行优化求解,且可自动选择合适的荷载增量和迭代步长,并在分析的过程中不断调整这些参数值,以获得精确解答。

对木剪力墙试验中钉连接节点的观察结果显示:加载过程中,墙面板在钉连接处的部分撕裂限制了钉连接节点的位移方向,使钉连接的变形主要沿初始变形轨迹[180]。因此,本项目采用定向耦合弹簧对如图 4-11 所示,作为钉连接模型进行自定义单元开发。该连接单元共有两个弹簧分量,其中 u 方向为钉连接节点的初始变形方向,v 方向是与 u 垂直的次要变形方向。通过这样的方式,连接的刚度矩阵在 x 和 y 两个方向被耦合在一起。连接在 u 向和 v 向的刚度 k_u、k_v 以及节点力 P_u 和 P_v 分别是钉连接 u 向位移和 v 向位移的函数。

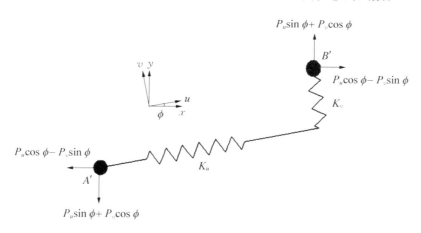

图 4-11　定向耦合弹簧对示意图

在该钉连接模型中,当 u 方向的位移 δ 小于破坏位移 δ_{fail} 时,程序定义了一个参数 D_f 来对次要变形 v 方向的力和刚度进行折减,此时 $D_f = 1 - \delta/\delta_{\text{fail}}$,当 u 方向的位移 δ 大于破坏位移 δ_{fail} 时,该模型认为钉连接的变形主要沿 u 方向,v 方向弹簧的力为零。

$$K = \begin{bmatrix} K_{11} & K_{12} & K_{13} & -K_{11} & -K_{12} & -K_{13} \\ & K_{22} & K_{23} & -K_{12} & -K_{22} & -K_{23} \\ & & K_{33} & -K_{13} & -K_{23} & -K_{33} \\ & & & K_{11} & K_{12} & K_{13} \\ & sym & & & K_{22} & K_{23} \\ & & & & & K_{33} \end{bmatrix} \qquad (4-5)$$

$$K_{11} = K_u\cos^2\phi + K_v\sin^2\phi$$

其中
$$K_{12} = K_u\cos\phi\sin\phi - K_v\cos\phi\sin\phi$$

$$K_{22} = K_u\sin^2\phi + K_v\cos^2\phi$$

$$K_{ij} = 1 \quad if \ i = 3 \ or \ j = 3$$

在子程序的开发中,v 方向和 u 方向的弹簧单元均采用 HYST 算法编制,并采用 FORTRAN 代码建立了子程序与 ABAQUS 主程序的接口。自定义单元的刚度矩阵如式(4 - 5)所示,钉连接的抗剪承载力主要来源于其在平面内的变形,其平面外变形提供的抗力较小。因此,在钉连接单元中,可限制其在 z 方向的自由度,并在刚度矩阵中将该方向的对应刚度置以很小的数值。该用户自定义 UEL 子程序在 ABAQUS 中的工作原理和流程如下:

① 通过初始迭代步确定弹簧单元的初始变形方向 ϕ;

② 将钉连接包含节点的相应位移传入用户自定义 UEL 子程序;

③ 子程序通过 ABAQUS 主程序传入的节点位移计算弹簧在 u 方向和 v 方向的变形,并采用 HYST 算法得到在相应位移下弹簧在 u 方向和 v 方向的分力 F_u、F_v 以及刚度 K_u、K_v;

④ 在子程序中,通过式(4 - 5)组装单元刚度矩阵,并将矩阵传入 ABAQUS 主程序,参与结构整体刚度矩阵的组装;

⑤ 通过 ABAQUS 求解器迭代计算,如收敛,将新的节点位移传回子程序,并重复步骤②—⑤。

4.2.3　简化数值模型及其校核

木结构剪力墙中多包含成百乃至上千个钉连接,如果在整体有限元模型中,对钉连接一一进行精确建模,则会耗费较多计算资源。因木剪力墙整体的抗侧力性能为通过其上的钉连接体现,故其滞回曲线与单个钉连接的滞回曲线在形状上极其相似。基于这一现象,国内外诸多学者采用对角弹簧的形式模拟轻型木结构中的剪力墙[174,175,177,181]。基于此方法,英属哥伦比亚大学 Gu 和 Lam[188] 提出了采用 HYST 算法模拟整个剪力墙性能的概念,这样得到的木剪力墙可仅用一个或一对 HYST 弹簧模拟,也可称为"pseudo nail"非线性弹簧单元。

基于以上考虑,本项目采用等效桁架木剪力墙的简化模型如图 4 - 12 所示,来模拟钢木混合结构中木剪力墙的抗侧力性能。在该模型中,剪力墙由刚性梁单元和一对"pseudo nail"非线性弹簧单元来模拟。刚性梁单元之间铰接,且不为整体结构提供抗侧力。在侧向荷载的作用下,由于刚性杆的刚度很大,可忽略其变形,因此,墙体的变形主要为对角弹簧的变形,墙体的非线性可全部由斜向的"pseudo nail"弹簧单元特性来实现。具体做法以整个木剪力墙往复加载下的包络线为目标,回归得到 HYST 算法中的相关参数。这样,便可大大减少数值模型中的非线性弹簧数目,从而使模型的计算效率大幅提高。一系列研究成果表明[187-191],该简化方法,不仅可以很好模拟木剪力墙在静力荷载下的整体抗侧力性能,而且可对地震激励下木剪力墙的动力反应进行模拟,且具有计算快速、稳定的特点。

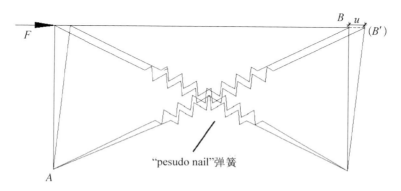

图 4‑12　木剪力墙的简化模型

　　由于采用一对"pseudo nail"弹簧模拟木剪力墙的抗侧力性能,因此,弹簧在 u 方向的抗侧刚度即为墙体沿 x 方向刚度的一半。每个"pseudo nail"弹簧单元的抗侧刚度可根据式(4‑6)得到。

$$u_u = u \qquad (4-6a)$$

$$F_u = \frac{F}{2} \qquad (4-6b)$$

$$K_u = \frac{F_u}{u_u} = \frac{F/2}{u_u} = \frac{K}{2} \qquad (4-6c)$$

式中,u_u 为"pseudo nail"弹簧单元在 u 方向的变形;u 为剪力墙的侧向变形;F_u 为"pseudo nail"弹簧单元在变形 u 方向的力;F 为剪力墙在变形 u 下的侧向力;K_u 为"pseudo nail"弹簧单元在初始变形 u 方向的刚度;K 为剪力墙的抗侧刚度。式(4‑6)建立了剪力墙的荷载、位移和抗侧刚度与简化模型中的对角非线性弹簧单元的荷载、位移和刚度之间的关系,因此若已知墙体的荷载-位移曲线后,即可得到简化模型中对角非线性弹簧的荷载-位移曲线所需要的各个参数,从而建立与原剪力墙段等效的简化模型。

为了验证该简化方法的可行性,采用"pesudo nail"非线性对角弹簧单元对图 4-9 所示木剪力墙进行简化建模,简化模型与 WALL2D 中细部剪力墙模型计算结果的对比如图 4-13 所示。通过模拟结果对比可知,等效桁架模型和细部剪力墙模型在耗能、极限荷载、极限位移和破坏位移等几方面均相差无几,而且两者的滞回曲线有很大相似性。因此,采用此非线性"pseudo nail"弹簧单元建立的等效桁架模型能够较为准确地反应剪力墙的滞回特性。因此,可将此等效桁架简化模型用于钢木混合结构整体建模之中。

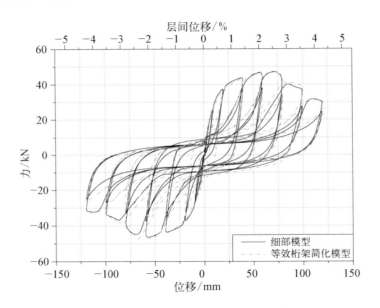

图 4-13　等效桁架简化模型与细部模型计算结果对比

4.3　钢木混合结构数值模拟

4.3.1　单元选择

采用 ABAQUS 有限元分析软件对钢木混合结构进行整体建模。对于钢木混合结构中的内填木剪力墙,采用上述"pseudo nail"非线性弹簧单元模拟;

对于钢木混合结构中的其他构件,采用 ABAQUS 单元库中的自有单元模拟。值得说明的是,本模型对楼板的模拟亦采用了 Li 等[192] 推荐的简化方法。该方法采用对角弹簧单元模拟楼盖的平面内刚度。弹簧刚度需通过试验得到的楼盖平面内刚度确定。研究表明[192],该方法可对楼盖传递侧向力的行为进行较好模拟。

有限元模型中各构件所选用的单元及相关参数如表 4-2 所示。整体钢木混合结构的非线性由“pseudo nail”非线性弹簧单元和钢材弹塑性本构关系共同体现。图 4-14 为钢木混合结构整体有限元模型。在试验研究中,试件 A 和试件 B 具有相同的尺寸和钢构件截面,两者的不同之处在于试件 A 采用轻型木楼盖和单面覆板内填木剪力墙,而试件 B 采用钢木混合楼盖和双面覆板内填木剪力墙。因此,试件 A 与试件 B 均可采用图 4-15 所示的有限元模型模拟,只需分别按试验结果拟合有限元模型中的“pseudo nail”非线性弹簧单元参数和楼板弹簧单元参数即可。

表 4-2　有限元模型单元选择和参数设置

构　　　件	ABAQUS 单元类型	单　元　参　数
钢构件	平面应力单元 S4R	采用 combined hardening 准则;材料弹塑性本构关系按第 2 章钢材材性试验结果输入
木剪力墙	用户自定义单元 “pseudo nail”非线性弹簧	通过试验结果拟合得到 HYST 算法相关参数
钢-木螺栓连接	多段线性弹簧单元 SPRING-Nonlinear	弹簧的力-变形关系按第 2 章中钢-木连接节点试验所得结果输入
楼板	多段线性弹簧单元 SPRING-Nonlinear	弹簧的力-变形关系按试验得到的楼盖平面内刚度输入

4.3.2　边界条件与求解方法

在有限元非线性静力计算中,对模型的加载方式主要有两种:力控制加载法和位移控制法。力控制加载法主要适用于预先对试件的承载能力比较清楚的情况,当对试件的承载力不能确定情况下,可采用位移控制加载。本书采用与试验相同的力和位移结合的加载制度,位移的加载点为模型左上角点处。在进行往复荷载作用下的数值模拟时,在 Load 模块中,定义与试验加载程序一样的位

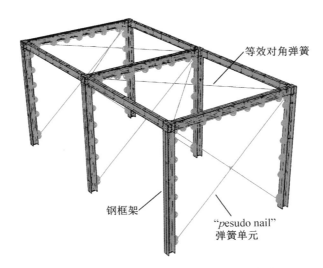

图 4-14　钢木混合结构整体有限元模型

移幅值曲线进行分析。ABAQUS 非线性静力有限元分析一般采用增量迭代法，以追踪结构整个变形历程。最常用的增量迭代法包括：牛顿-拉普森法、弧长法和拟牛顿法。本书采用牛顿-拉普森算法（简称 NR 法）对钢木混合结构模型进行分析。NR 法在每一增量步内进行迭代，并迫使在每一荷载步的末端达到平衡收敛（误差在某个容限范围内）。图 4-15 描述了在单自由度非线性分析中NR 法的使用。在每次求解前，NR 法估算出残差矢量，此矢量差是回复力（对应于单元应力的荷载）和所施加荷载的差值。然后程序使用不平衡荷载进行线性

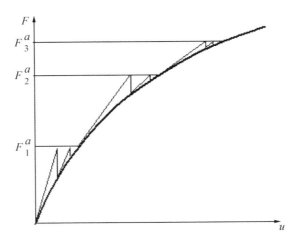

图 4-15　牛顿-拉普森法

求解,若不满足收敛要求,则要重新修正刚度矩阵和不平衡荷载后再次求解,不断迭代直至问题收敛。

　　ABAQUS 判断迭代计算是否收敛的主要依据为残差力和位移修正值。程序默认的残差力容许值是整个载荷段上作用于结构上平均力的 0.005 倍。在整个模拟过程中,ABAQUS 自动计算这个平均力;对于位移修正值,要求小于总的增量位移的 01%。当同时满足上述两个收敛性准则时,即认定该迭代步收敛。

4.3.3　分析结果

　　对钢木混合结构模型进行往复荷载作用下的有限元模拟分析,通过试验结果和模拟结果的对比来检验有限元模型的计算结果。分析得到的试件 A 与试件 B 的滞回曲线与试验相应结果的对比如图 4－16 所示。可以看到,有限元模型可以较好地模拟钢木混合结构的抗侧力性能,其得到的数值模拟结果与试验结果具有相似的极限承载力和抗侧刚度。该数值模型亦可较好地模拟钢木混合结构的耗能性能。数值模型计算所得的耗能结果和试验得到的结构耗能对比如图 4－17 所示。除了最后 3 个加载循环外,数值模型给出的耗能均与试验结果非常接近。造成后 3 个加载循环差异较大的原因是在试验中,两个试件的钢框架梁柱节点焊缝均在第 30 个加载循环出现断裂,从而大大降低了结构整体的承载力和耗能能力。而在有限元模型中,并未考虑梁柱

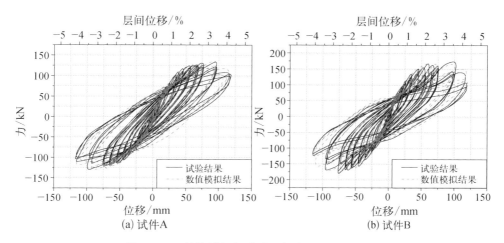

(a) 试件A　　　　　　　　　　　(b) 试件B

图 4－16　数值模拟与试验所得滞回曲线的对比

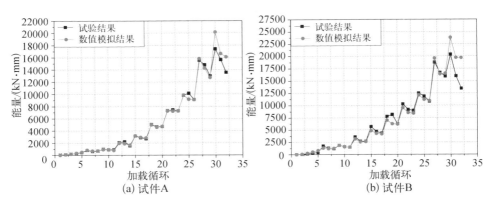

图 4-17 数值模拟与试验所得的耗能情况对比

连接节点处焊缝的断裂破坏,因此,对结构耗能性能的模拟结果在最后 3 个加载循环均高于试验结果。

钢木混合结构中,钢框架和木剪力墙的协同工作,共同组成混合抗侧力体系。侧向力在两者之间的分配对该混合体系的抗侧力性能具有重要影响。以试件 A 中的钢木混合抗侧力体系 A-2 为例,图 4-18 为该数值模型对其中钢框架和木剪力墙分别承担剪力的计算结果。同时,图 4-19 给出了钢框架和木剪力墙承担剪力比率的模拟结果。可以看到,该数值模型亦能够很好地对钢木混合结构中钢、木之间的协同工作性能进行模拟。

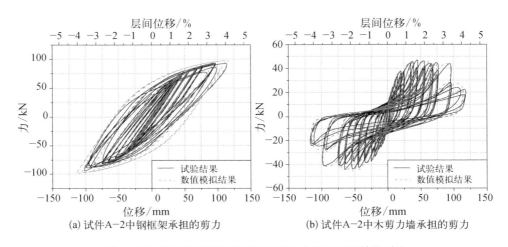

图 4-18 数值模拟与试验所得的钢、木协同工作性能对比

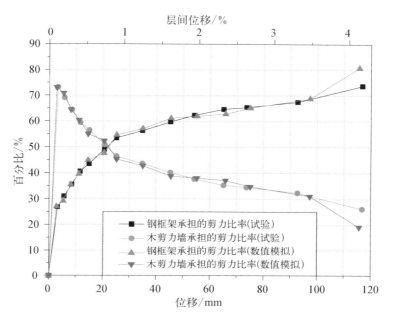

图 4-19　钢框架和木剪力墙在钢木混合体系中分担剪力的比率

4.4　本 章 小 结

本章主要介绍了钢木混合结构的数值模拟技术。在钢木混合结构中,因木剪力墙在侧向力下具有明显的刚度强度退化和捏缩特性,在通用有限元软件中,并没有合适的单元可用来模拟木剪力墙的抗侧力性能。本章基于 ABAQUS 中的特殊单元子程序接口,将 HYST 算法应用于特殊单元子程序的代码编制,开发了特殊的"pesudo nail"非线性弹簧单元以模拟木剪力墙的抗侧力性能。通过研究可得到以下主要结论:

(1)木剪力墙的非线性性质主要通过钉连接来表现。因此,对钉连接节点的合理模拟是木剪力墙数值模拟的基础。从模拟木结构中钉连接行为的方法上,可将木结构钉连接模型分为基于现象学模型和基于力学模型。基于现象学模型采用一系列数学公式,按照木结构钉连接的滞回曲线形状而拟合相应参数,从而在数值模拟中,通过这些参数的选用得到与试验结果类似的滞回曲线。此类模型的优点是形象直观,该类模型的程序代码中需要大量判断语句。在使用该类模型时,需对程序代码进行完善的优化,否则,极易在模型中钉连接节点较多时出现不收敛的情况。基于力学模型基本可避免此类问题,因此,本章以基于力学的 HYST 算法模拟木剪力墙中的钉连接性能。

(2) 本章在 ABAQUS 中,开发了相应特殊单元子程序以模拟木剪力墙性能。基于 HYST 算法的 ABAQUS 特殊单元子程序能很好模拟木剪力墙的抗侧力性能。在应用子程序前,只需按木剪力墙单向荷载下的推覆曲线拟合 HYST 算法中的相关参数。子程序简便易用,与 ABAQUS 结合稳定,计算收敛性好。同时,在 ABAQUS 中,开发相关子程序而非开发特定有限元软件的好处还在于,可借助 ABAQUS 现有强大的单元库、前后处理模块和求解器,方便地对形式各异的钢木混合结构进行数值模拟。

(3) 采用特殊单元子程序对钢木混合抗侧力体系中的木剪力墙进行模拟,建立了钢木混合结构的数值模型。通过数值模拟结果与试验结果的对比,可知该方法建立的数值模型能够很好地模拟钢木混合结构的整体抗侧力性能,以及能有钢、木间的协同工作性能。该数值模型可作为进一步研究钢木混合结构抗侧力性能的有效工具。

第5章

钢木混合抗侧力体系参数分析

钢木混合结构的抗侧力体系由钢框架和木剪力墙共同组成。本章采用前述数值模型,对构造各异的钢木混合抗侧力体系进行往复加载数值模拟,基于数值计算结果,研究抗侧力体系尺寸、内填木剪力墙强度、钢梁-柱连接节点刚度等对混合体系抗侧力性能的影响,同时,对不同构造钢木混合抗侧力体系中钢、木间的协同工作性能进行研究。

5.1 基 准 墙 体

参数分析中的基准墙体构造如图 5-1 所示。钢框架由热轧 H 型钢拼装而

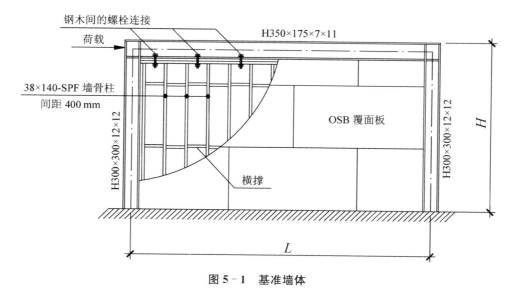

图 5-1 基准墙体

成,钢柱截面为 H300×300×12×12,钢梁截面为 H350×175×7×11,钢材牌号为 Q235B;在内填木剪力墙中,墙骨柱采用进口Ⅲc级及以上 SPF 规格材,间距 400 mm,规格材含水率为 14%～15%,截面尺寸为 38 mm×140 mm。墙体顶梁板和边墙骨柱均由两根规格材构成。覆面板为 14.68 mm 厚 OSB 板。面板钉采用长 82 mm、直径为 3.8 mm 的麻花钉,面板边缘钉间距为 150 mm,面板中间钉间距为 300 mm。内填木剪力墙采用 8.8 级 M16 锚栓,锚栓布置间距 1 000 mm,且在墙体两端设置抗倾覆锚固件。

5.2　参　数　选　取

填充墙和框架的侧向刚度比是钢框架填充墙体系中重要的结构参数。Tong 等[151]的研究指出,钢框架和内填墙体的刚度比,对混合体系的抗侧刚度、极限承载力、耗能性能和延性均有重要影响。对于钢木混合抗侧力体系,其内填木剪力墙与钢框架的抗侧刚度比可按式(5-1)计算。

$$K_r = k_{\text{infill}}/k_{bf} \qquad (5-1)$$

式中,$k_{\text{infill}} = 0.4P_{\text{infill}}/\Delta_{\text{infill}}$,$k_{bf} = 0.4P_{bf}/\Delta_{bf}$;$P_{\text{infill}}$ 为内填木剪力墙的极限抗侧承载力(kN);Δ_{infill} 为内填木剪力墙在抗侧承载力达到 $0.4P_{\text{infill}}$ 时对应的侧移(mm);P_{bf} 为钢框架的极限抗侧承载力(kN);Δ_{bf} 为钢框架在抗侧承载力达到 $0.4P_{bf}$ 时对应的侧移(mm)。值得一提的是,在钢木混合抗侧力体系中,由于木剪力墙在加载过程中的刚度退化,整个混合体系的抗侧刚度比 K_r 并不是一定值,但这里仍选用其作为一重要结构参数,旨在衡量不同钢木混合抗侧力体系中内填木剪力墙与钢框架的相对强弱。

在钢木混合抗侧力体系中,侧向力通过钢框架与木剪力墙间的螺栓连接传递。由试验结果可知,钢木连接性能对木剪力墙能否充分发挥结构效用有重要影响。因此,本章对具有不同数量和间距螺栓连接的钢木混合抗侧力体系的抗侧力性能进行了研究。基于分析结果,提出了钢框架和木剪力墙间连接的设计要求。此外,试验研究表明,钢框架对混合体系的延性有较大影响,且在木剪力墙破坏后,钢框架为混合体系抗侧力的主要来源,而钢梁柱连接节点性能对钢框架耗能性能和延性均有重要影响。因此,本章对分析的钢木混合剪力墙中的钢梁柱连接节点分别采用铰接、半钢接和刚接三种假定,研究钢梁柱连接节点刚度对混合体系抗侧力性能的影响。同时,为了考虑不同尺寸的钢木混合抗侧力体系,结合实际工程中的常用尺寸,本章分析了两种长度(3.6 m,7.2 m)和三种高度(2.4 m,3.6 m,4.8 m)的钢木混合抗侧力体系,具体参数组合如表5-1所示。表5-1同时还列出了这些钢木混合抗侧力体系中,木剪力墙与钢框架的相对抗侧刚度比 K_r 值。

表 5-1　钢木混合抗侧力体系的尺寸和构造

编号	H/m	L/m	内填木剪力墙覆板形式	钢梁柱连接节点	k_{infill}/(kN/mm)	k_{bf}/(kN/mm)	K_r
1	2.4	3.6	单面	刚接	5.50	23.90	0.23
2	2.4	3.6	双面	刚接	10.76	23.90	0.45
3	2.4	7.2	单面	刚接	10.80	20.00	0.54
4	2.4	7.2	双面	刚接	21.60	20.00	1.08
5	3.6	3.6	单面	刚接	3.36	8.61	0.39
6	3.6	3.6	双面	刚接	6.72	8.61	0.78
7	3.6	3.6	双面	半钢接	6.67	6.35	1.05
8	3.6	3.6	双面	铰接	6.68	3.73	1.79
9	3.6	7.2	单面	刚接	6.67	7.25	0.92
10	3.6	7.2	双面	刚接	13.34	7.25	1.84
11	3.6	7.2	双面	半钢接	13.33	6.17	2.16
12	3.6	7.2	双面	铰接	13.36	3.66	3.65
13	4.8	3.6	单面	刚接	2.31	4.05	0.57
14	4.8	3.6	双面	刚接	4.62	4.05	1.14
15	4.8	7.2	单面	刚接	4.62	3.45	1.34
16	4.8	7.2	双面	刚接	9.25	3.45	2.68

5.3　数值模型建立

本研究中采用钢木混合侧力体系的尺寸和构造见表5-1所示。钢木混合

抗侧力体系数值模型如图 5-2 所示。其中,木剪力墙仍采用一对自定义
"pesudo nail"非线性弹簧单元模拟;钢框架和内填木剪力墙的螺栓连接采用
ABAQUS 中自有多段线性弹簧单元模拟;为了体现钢框架的局部应力状态,钢
构件采用壳单元模拟。

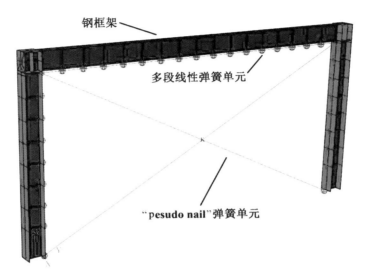

图 5-2　钢木混合抗侧力体系的数值模型

5.3.1　钢梁柱连接节点模拟

对钢木混合抗侧力体系中的钢梁柱连接节点,分别按铰接、半刚接和刚接模
拟。对梁柱半刚性节点,本研究中假定为端板连接,其节点转动刚度可按欧洲钢
结构设计规范[193,194]中的推荐公式计算:

$$S = \frac{Ez^2 t_f}{k_x} \qquad (5-2)$$

式中,E 为钢材弹性模型量,取为 2.06×10^5 MPa;对本研究中假定的端板螺栓
连接节点,z 为连接节点中钢梁受压翼缘中心到最远受拉螺栓的距离(mm);t_f
为钢柱的翼缘厚度,取为 12 mm;k_x 为与节点形式有关的参数,对端板螺栓连接
节点可取为 13.0。

该研究中假定的半刚接连接节点的转动刚度由式(5-2)计算所得为$2.33 \times$
10^{10} N·mm/rad。在数值模型中,半刚接节点通过在钢梁与钢柱间建立相应刚

度的转动弹簧实现。此外,通过数值模型中直接对钢梁和钢柱接触面上的粘接来模拟梁柱刚接节点;通过释放钢梁和钢柱接触面上控制点的相对转动刚度来模拟梁柱铰接节点。

5.3.2　内填木剪力墙模拟

本章采用开发的特殊单元子程序"pesudo nail"非线性弹簧单元对木剪力墙进行模拟。在应用该弹簧单元之前,需在 WALL2D 中对参数分析中涉及的木剪力墙进行精细化建模,继而以精细数值模型的计算结果为目标,通过回归分析得到模拟整面墙体的"pesudo nail"参数。分析共涉及了 12 种构造、尺寸各不相同的木剪力墙。以高 2.4 m、长 3.6 m 的单面覆板木剪力墙为例,通过回归分析得到的"pesudo nail"参数列于表 5 - 2 中。

表 5 - 2　"pesudo nail"参数表($H=2.4$ m,$L=3.6$ m)

墙　体　构　造	木材参数	木材	面板	钉参数	
	Q_0 /(kN/mm)	13.855	19.617	D /mm	3.5
	Q_1 /(kN/mm^2)	0.008	0.2	L /mm	82
	Q_2	1.6	1.6	E /GPa	35
	K_0 /(kN/mm^2)	11.324	2.585	S_y /GPa	1.5
	D_{max} /mm	14.406	14.831		
	SDF	0.2	0.2		

图 5 - 3 给出了运用这些参数计算所得的高 2.4 m、长 3.6 m 木剪力墙的滞回曲线。

5.3.3　边界条件和加载制度

钢木混合抗侧力体系中,钢柱脚假定为刚接。木剪力墙的抗倾覆锚固件(hold-down)和锚栓均采用弹簧单元模拟,弹簧单元刚度按 Li[192] 中所述确定:

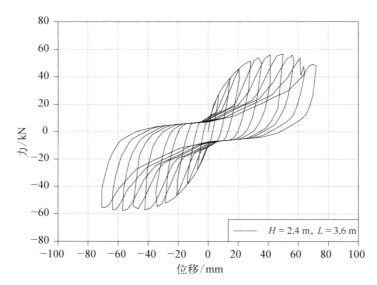

图 5 - 3　木剪力墙的滞回曲线

对于抗倾覆锚固件,弹簧单元的转动刚度和水平向抗剪刚度分别取为 25 kN·mm/rad 和 10 kN/mm;对于锚栓,弹簧单元水平向抗剪刚度取为 10 kN/mm。

在钢木混合抗侧力体系的左上角梁柱节点处施加往复位移荷载,加载制度如图 5 - 4 所示。

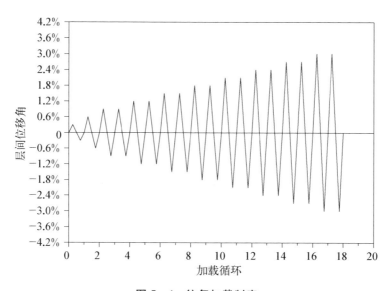

图 5 - 4　往复加载制度

　　因为在参数分析中共涉及 3 种不同墙体高度,故无法用具体侧移值对抗侧力体系的抗侧力性能进行比较。因此,本章关于钢木混合体系抗侧力性能的对比分析中,均以层间位移角为基准进行讨论。第 3 章中对钢木混合结构的往复加载试验结果显示,当层间位移角达到 0.7% 时,塑性区域在钢构件中开始形成。因此,此项目加载制度在层间位移角 0.3% 和 0.6% 下对结构进行单次加载循环;对层间位移角为 0.9%、1.2%、1.5%、1.8%、2.1%、2.4%、2.7% 和 3.0% 的加载幅值采用两个加载循环。此外,本章还采用所建立数值模型对钢木混合抗侧力体系对应的空钢框架进行了非线性数值分析,旨在考察安装木剪力墙前后,钢框架在侧向荷载作用下的侧移变化,从而研究木剪力墙对混合体系抗侧力性能的贡献。

5.4　分析结果

　　根据 ASTM‐E2126 中的相关条款,采用 EEEP(equivalent energy elastic plastic)曲线对 16 个钢木混合抗侧力体系的往复加载包络线进行分析,分析结果如表 5‐3 所示。

表 5‐3　钢木混合剪力墙 EEEP 参数

编号	H/m	L/m	K_r	K_e[①] /(kN/mm)	P_{peak}[②] /kN	P_{yield}[③] /kN	P_{design}[④] /kN	Δ_{yield}[⑤] /kN	D[⑥]
1	2.4	3.6	0.23	27.79	609.20	557.21	243.68	20.05	2.99
2	2.4	3.6	0.45	30.70	659.09	611.11	263.64	19.90	3.01
3	2.4	7.2	0.54	26.64	621.23	580.96	248.49	21.81	2.75
4	2.4	7.2	1.08	35.48	680.97	664.48	272.39	18.73	3.20
5	3.6	3.6	0.39	11.15	404.76	375.64	161.90	33.70	2.67
6	3.6	3.6	0.78	13.31	456.95	423.10	182.78	31.80	2.83
7	3.6	3.6	1.05	11.16	387.12	341.02	154.85	30.57	2.94
8	3.6	3.6	1.79	8.31	303.42	276.45	121.37	33.28	2.70
9	3.6	7.2	0.92	11.80	441.03	405.28	176.41	34.36	2.62
10	3.6	7.2	1.84	17.31	533.18	492.09	213.27	28.43	3.17

编号	H/m	L/m	K_r	$K_e^①$ /(kN/mm)	$P_{peak}^②$ /kN	$P_{yield}^③$ /kN	$P_{design}^④$ /kN	$\Delta_{yield}^⑤$ /kN	$D^⑥$
11	3.6	7.2	2.16	16.91	466.34	421.90	267.66	24.95	3.61
12	3.6	7.2	3.65	14.54	390.79	361.99	227.94	24.89	3.62
13	4.8	3.6	0.57	5.79	292.72	278.36	117.09	48.06	2.50
14	4.8	3.6	1.14	7.72	344.64	323.80	137.86	41.96	2.86
15	4.8	7.2	1.34	7.06	330.04	309.20	132.02	43.81	2.74
16	4.8	7.2	2.68	11.41	427.23	391.54	170.89	34.31	3.50

注：① 钢木混合抗侧力体系的弹性刚度，为墙体抗侧承载力包络线上原点和荷载值达到极限荷载40%时对应点连线的斜率。
② 钢木混合抗侧力体系的极限承载力。
③ 钢木混合抗侧力体系的等效屈服荷载，可由 EEEP 曲线的包络面积法确定，具体参见本书3.3.5。
④ 钢木混合抗侧力体系的抗侧承载力设计值，按40%极限荷载取值。
⑤ 钢木混合抗侧力体系的等效屈服位移，可由 EEEP 曲线的包络面积法确定，具体参见本书3.3.5。
⑥ 钢木混合抗侧力体系的延性系数，由极限位移与屈服位移的比值得到。

5.4.1　抗侧刚度

钢木混合抗侧力体系在侧向荷载的作用下，表现出明显的刚度退化特征。5.4.1节拟对其刚度变化的规律进行阐述。钢木混合抗侧力体系以表 5-1 中编号为 5、6、9 和 10 为例，其在不同侧移下，对应侧向承载力包络线上的切线刚度变化规律如图 5-5 所示。5 号和 6 号钢木混合抗侧力体系具有相同的几何尺寸，不同之处在于 5 号钢木混合抗侧力体系的木剪力墙为单面覆板，而 6 号钢木混合抗侧力体系的木剪力墙为双面覆板。同理，9 号和 10 号钢木混合抗侧力体系的木剪力墙也分别采用单面和双面覆板构造。图 5-5 还给出了钢木混合抗侧力体系对应空钢框架的刚度-层间位移角曲线，旨在评估木剪力墙对空框架抗侧刚度的提高作用。

可将图 5-5 所示的钢木混合抗侧力体系在侧向荷载下抗侧刚度的变化分为三个阶段。

第一阶段，当墙体层间位移角很小时，绝大多数结构构件处于线弹性状态，混合抗侧力体系具有较高的抗侧刚度。然而，随着层间位移角的不断增大，结构抗侧刚度呈现很快的下降趋势。此现象的出现主要有两方面的原因：① 钢框架

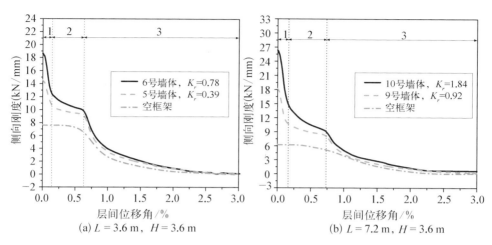

(a) $L = 3.6$ m, $H = 3.6$ m   (b) $L = 7.2$ m, $H = 3.6$ m

图 5-5　钢木混合抗侧力体系抗侧刚度随层间位移角的变化

和木剪力墙的接触在荷载初步施加时还不稳定,突然施加的荷载会在木剪力墙边缘构件和钢框架不大的接触面积上形成较大相互作用力,木剪力墙对钢框架表现出很强的填充作用。然而,此填充作用会随着木剪力墙边缘构件和钢框架接触面积的增大而减小,从而亦使单位面积钢木接触面上的相互作用力降低。② 从试验观察得知,木剪力墙中的钉连接已经在此阶段表现出非线性性质,个别角点钉连接因钉头陷入覆面板而破坏,同时造成了钢木混合体系抗侧刚度的下降。

就钢木混合抗侧力体系和其相应空框架的刚度对比来说,内填木剪力墙对空框架抗侧刚度的提高非常明显。当侧向荷载很小时,相比于纯框架体系,钢木混合抗侧力体系具有较高的抗侧刚度,有利于结构层间位移的减小和使用性能的提高。由图 5-5(a)可知,在该阶段 6 号抗侧力体系的抗侧刚度由18.63 kN/mm 下降为 12.33 kN/mm,下降幅度为 34%;而 5 号抗侧力体系的抗侧刚度由 14.55 kN/mm 下降为 10.65 kN/mm,下降幅度为 27%。通过对 9 号和 10 号抗侧力体系的对比亦可发现相似结果。因此,采用更强木剪力墙的钢木混合抗侧力体系(亦即较大 K_r 的混合抗侧力体系),在第一阶段会经历更大幅度的抗侧刚度下降。

第二阶段,钢木混合抗侧力体系的抗侧刚度经过第一阶段的下降后,在该阶段到达了一基本稳定水平。在该加载阶段,钢框架仍处于线弹性状态,体系刚度下降的主要原因为木剪力墙中的破坏累积。然而,可注意到钢木混合抗侧力体系的抗侧刚度仍明显高于纯框架的抗侧刚度。而该阶段之后,钢木混合抗侧力体系的抗侧刚度则主要由钢框架的抗侧刚度决定。

第三阶段,在该阶段,木剪力墙中的破坏加剧,塑性区域也在钢框架构件中不断发展。钢木混合抗侧力体系在经历了又一个刚度下降区间后,其抗侧刚度逐渐向空框架的曲线靠拢。内填木剪力墙中的钉连接在该阶段被大量破坏,导致其对钢框架的填充效应大大降低。虽然内填木剪力墙在该阶段还可为结构耗散大量能量,但是,从抗侧刚度的角度而言,内填木剪力墙由于破坏累积而逐渐失去作用。

5.4.2 木剪力墙与钢框架的相对刚度比

从表 5-3 的计算结果可知,内填木剪力墙对混合抗侧力体系的抗侧力性能有重要影响。如相对刚度比 $K_r=2.68$ 的 16 号混合抗侧力体系,由于内填木剪力墙的作用,其弹性抗侧刚度与空框架相比增加了 230%;而对刚度比 $K_r=0.23$ 的 1 号混合墙体,安装内填木剪力墙而带来的弹性抗侧刚度提高比例仅为空框架的 16%。同时,采用更强的内填木剪力墙可为混合结构带来更高的延性系数。表 5-3 的数据显示,在其他结构构造参数相同的情况下,采用双面覆板内填木剪力墙混合体系的延性系数比采用单面覆板内填木剪力墙混合体系的延性系数高 33%~47%。因此,内填木剪力墙在整个混合体系中的效用和其分担侧向荷载的能力与其抗侧刚度有直接关系。图 5-6 给出了具有不同相对刚度比的钢木混合抗侧力体系在极限和设计抗侧承载力下,木剪力墙承担侧向荷载占混合体系总侧向荷载的比例。可见,相比于极限荷载 P_{peak},木剪力墙在设计荷载 P_{design} 下承担了混合体系中更高比例的侧向力。这是由于在极限荷载作用下,木剪力墙的刚度退化,进而使其承担荷载的比率下降。然而,无论在极限荷载或设计荷载下,当 K_r 小于 0.5 时,木剪力墙承担的侧向力比率均很小。因此,可认为此时内填木剪力墙对混合体系抗侧力性能的提高并不明显,故在钢木混合抗侧力体系的实际应用中,需保证内填木剪力墙和空框架的抗侧刚度比不低于 0.5。

此外,5.4.2 节以 3 号、9 号、10 号、16 号钢木混合抗侧力体系为例,给出了内填木剪力墙和钢框架分别承担的剪力比率与其层间位移角的关系,如图 5-7 所示。

可见,在层间位移角较小时,内填木剪力墙承担了混合体系中绝大部分剪力。随后,由于钉连接节点的破坏导致其抗侧刚度下降,木剪力墙承担的剪力比率大大降低,直至层间位移角达到 1.0% 左右。在此之后,由于木剪

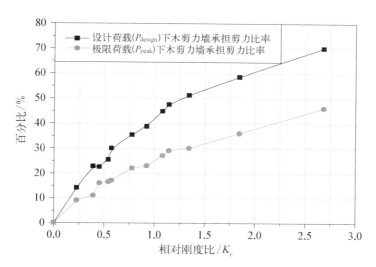

图 5‑6　木剪力墙在混合体系中承担剪力的比率

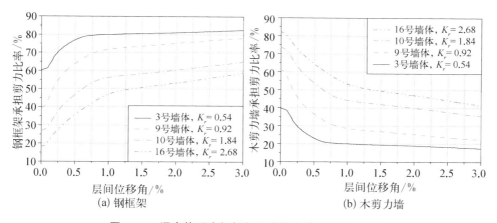

(a) 钢框架　　　　　　　　(b) 木剪力墙

图 5‑7　混合体系中钢框架和木剪力墙承担剪力比率

力墙中的破坏累积，其对混合结构抗侧力性能的贡献继续降低。但是，当采用较强木剪力墙时，其对混合体系的抗侧力性能仍有一定贡献。如 16 号混合墙体，其木剪力墙在层间位移角为 3.0% 时仍可承担混合体系中约 42% 的侧向力。

　　通过对混合抗侧力体系滞回曲线包络面积的计算，可得到其在不同加载循环下的耗能情况。钢框架和木剪力墙耗散能量占混合体系总耗能的比率如图 5‑8 所示。在层间位移角小于 0.5% 时，内填木剪力墙耗散了混合体系中绝大部分能量。其原因在于，此时钢构件仍处于弹性状态，木剪力墙中的局部钉连接节点破坏构成混合体系的主要耗能机制。随后,随着钢构件的屈服,木剪力墙的耗能比率大大降低,直至层间位移角为 1.8% 左右。在此之后,木剪力墙中的耗能比率趋于稳定。当采用较强内填木剪力墙时,混合体系的耗能性能有明显提高。如对 16 号混合墙体而言,其木剪力墙在层间位移角为 3.0% 时仍可为混合体系提供 30% 的耗能。然而,对 3 号和 9 号混合墙体,木剪力墙在此时仅可为混合结构提供不到 15% 的耗能,塑性区在钢构件中的发展成为此时混合体系的主要耗能机制。

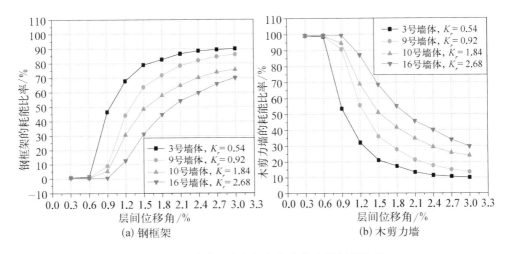

(a) 钢框架 (b) 木剪力墙

图 5‑8   混合体系中钢框架和木剪力墙耗能比率

5.4.3   钢梁柱节点刚度

梁柱节点刚度对混合体系抗侧力性能的影响,见 5‑9 所示。梁柱连接节点钢框架和木剪力墙的协同工作性能的影响见图 5‑10 所示。继而影响整个混合体系的抗侧力性能。本例以尺寸为 3.6 m×3.6 m 和 3.6 m×7.2 m 的钢木混合抗侧力体系为研究对象,分别在数值模型中定义梁柱节点刚接、半刚接和铰接,计算所得的力‑位移曲线如图 5‑9 所示。随着钢木节点刚度增大,混合体系的抗侧承载力、抗侧刚度均有显著提高。内填木剪力墙在混合体系中承担剪力比率如图 5‑10 所示。

可见,内填木剪力墙在混合体系中承担的剪力比率随着钢梁柱节点的刚度增大而降低。当梁柱节点采用半刚接时,混合体系中木剪力墙承担的剪力比率较梁柱节点刚接时平均提高 32%;当梁柱节点采用铰接时,混合体系中木剪力

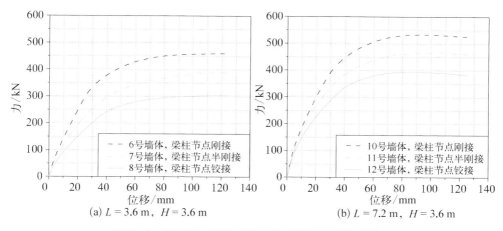

图 5‑9　梁柱节点刚度对混合体系抗侧力性能的影响

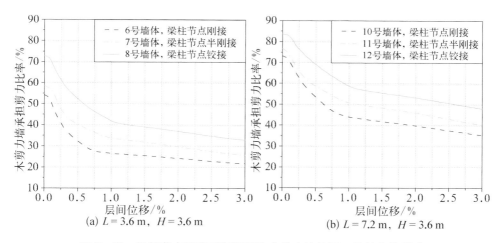

图 5‑10　梁柱节点刚度对钢框架和木剪力墙协同工作性能的影响

墙承担的剪力比率较梁柱节点刚接时平均提高 55%。钢梁柱连接节点的刚度越小，木剪力墙对其填充效应就越明显，从而对整个混合体系的抗侧刚度、极限承载力和耗能性能的贡献也越大。

5.4.4　钢木连接

在钢木混合抗侧力体系中，钢框架与木剪力墙的协同工作效应需通过两者的有效连接保证。为使剪力能够在钢框架和木剪力墙间有效传递，钢木螺栓连接节点需具有足够的强度和刚度。5.4.4 节针对 10 号混合抗侧力体系，考虑360 mm、720 mm、1 440 mm 和 2 880 mm 4 种螺栓连接间距，研究钢木连接对混合体系抗侧承载力的影响。通过数值模拟的计算结果发现,钢木连接性质的改变主要对内填木剪力墙中的剪力大小产生影响,而对钢框架内的剪力影响不大。不同钢木连接间距下木剪力墙在混合体系中承担的剪力如图5-11所示。

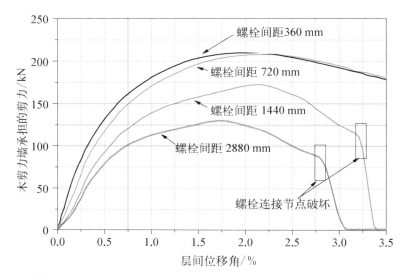

图 5-11 不同钢木连接间距下木剪力墙在混合体系中承担的剪力

当钢木间的螺栓连接间距为 360 mm 或 720 mm 时,木剪力墙在混合体系中承担的剪力差别很小。其原因在于,此时钢木间有足够数量的螺栓连接,可以保证剪力从钢框架向木剪力墙的有效传递。然而,当螺栓间距继续增大至1 440 mm 以上时,木剪力墙在混合体系中承担的剪力明显降低。此时,内填木剪力墙承担的最大剪力由螺栓连接的强度决定。当钢木间的螺栓连接间距为1 440 mm 及 2 880 mm 时,均出现了结构承载力曲线急速下降的现象,其原因在于钢木间螺栓连接节点发生破坏,且无法有效将剪力传递至木剪力墙。因此,为使内填木剪力墙的结构作用充分发挥,应在结构设计中保证其和钢框架间的连接具有足够的强度,并使钢木连接的设计抗剪总承载力大于混合体系中木剪力墙极限抗侧承载力。

5.4.5 钢木混合抗侧力体系的高宽比

钢木混合抗侧力体系的尺寸亦对其抗侧力性能和剪力在钢、木间的分配有重要影响。如表5-3所示,当其他结构构造参数相同时,4.8 m 高混合抗侧力体系的极限抗侧承载力较 3.6 m 高的混合抗侧力体系低 20%～27%,刚度较 3.6 m 高的混抗侧力体系低 34%～38%;而 3.6 m 高混合抗侧力体系的极限抗侧承载力较 2.4 m 高的混合抗侧力体系低 22%～33%,刚度低 51%～60%。另外,由计算结果可知,同样高度下,因内填木剪力墙的长度与其抗侧承载力呈正比关系,故长度较大的混合墙体具有较高的侧向承载力。由于内填木剪力墙的存在,相比于纯钢框架结构,钢木混合剪力墙的抗侧承载力和刚度对其形状变化更为敏感,在实际应用中,需考虑混合抗侧力体系的具体尺寸对其抗侧力性能的影响。

5.5　非线性动力时程分析

　　一系列研究成果表明[187-191],采用 HYST 算法建立的木剪力墙有限元模型,不仅可以很好模拟木剪力墙在静力荷载下的整体抗侧力性能,而且可对地震激励下木剪力墙的动力反应进行模拟,且具有计算快速、稳定的特点。为了研究内填木剪力墙对钢框架抗侧力性能的贡献,本例以长度 7.2 m,高度 3.6 m 的基准抗侧力体系为研究对象,采用数值模拟手段,考虑结构承担重量为 4 500 kg/m,对钢木混合抗侧力体系和其对应的空框架分别进行非线性动力时程分析。分析中,结构阻尼比取为 5%,并选取 3 条地震记录作为加速度时程输入,具体如表 5-4 中所示。同时,假设结构所在场地位于美国加州强震区,且该地区地震年发生概率为 0.2,所发生地震的峰值加速度(PGA)服从均值为 0.25 g,变异系数(COV)为 0.55 的对数正态分布。根据美国 IBC 规范[195],结合对场地地震发生概率的假定,可知回归周期分别为 50 年、475 年和 2 475 年的地震对应的地震加速度峰值分别为 0.43 g、0.77 g 和 0.98 g。将地震记录按这些加速度峰值调幅,并作为非线性分析的加速度输入。以 Imperial Vally 地震中 EL-centro 测站的地震记录为例,由分析所得的钢木混合抗侧力体系和其对应的空框架的侧移时程曲线如图 5-12 所示。

　　可以看到,安装内填木剪力墙的混合抗侧力体系相比与其空框架在地震下具有更小的侧移,内填木剪力墙对混合体系抗侧刚度的提高作用非常明显。表 5-5 列出了混合抗侧力体系和其对应空框架在时程分析中的最大侧移响应,由表中数据可知,在回归周期为 50 年的地震作用下,内填木剪力墙的安装可使空框架的侧移减小 69.99%～82.40%;在回归周期为 475 年的地震作用下,内填

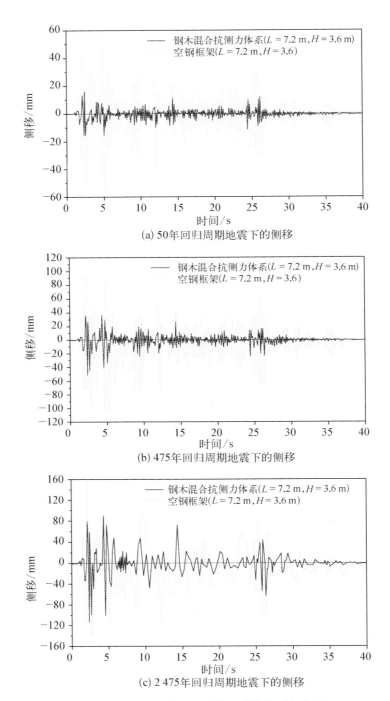

(a) 50年回归周期地震下的侧移

(b) 475年回归周期地震下的侧移

(c) 2 475年回归周期地震下的侧移

图 5-12　钢木混合抗侧力体系非线性时程分析

表 5-4　分析中选用的地震记录

序号	地　震	分量	测　站	PGA(g)
1	Imperial Valley(1940)	NS	El Centro Array♯9	0.313
2	Northbridge(1994)	NS	Beverly Hills 14145 Mulhol	0.416
3	Hyogo-ken Nanbu(1995)	NS	JMA Kobe	0.837

表 5-5　分析得到的结构最大侧移响应

地　震	地震回归周期(年)	最大层间位移(mm)		
		钢木混合抗侧力体系	空钢框架	因安装木剪力墙体系侧移减小百分比(%)
Imperial Vally	50	15.91	53.01	69.99
	475	51.37	106.86	51.93
	2 475	113.02	195.29	42.12
Northbridge	50	16.16	60.05	73.09
	475	50.51	105.32	52.04
	2 475	92.10	186.24	50.55
Hyogo-ken Nanbu	50	9.21	52.32	82.40
	475	44.39	112.21	60.44
	2 475	103.26	194.51	46.91

木剪力墙的安装可使空框架的侧移减小 52.04%～60.44%；在回归周期为 2 475 年的地震作用下，内填木剪力墙的安装可使空框架的侧移减小 42.12%～50.55%。

5.6　本章小结

本章采用第 4 章建立的数值模型，对不同结构构造的钢木混合抗侧力体系进行了参数分析。考察了内填木剪力墙与钢框架刚度比、钢梁柱连接节点刚度、钢木螺栓连接间距等对混合体系抗侧承载力和刚度的影响；讨论了这些参数下，钢框架和木剪力墙的协同工作性能。本章得到的主要结论如下：

（1）计算结果显示,钢木混合抗侧力体系随层间位移角的增大表现出明显的刚度退化特性,其侧向刚度基于层间位移角的变化可以划分为 3 个阶段:第一阶段,当混合抗侧力体系层间位移角很小时,绝大多数结构构件处于线弹性状态,空框架由于木剪力墙的填充作用而具有很高的初始抗侧刚度;然而,随层间位移角的不断增大,结构抗侧刚度呈现很快的下降趋势。第二阶段,钢木混合体系的抗侧刚度下降到一相对稳定的水平,在此阶段,钢框架仍处于线弹性状态,由于剪力墙中的破坏累积加剧,此阶段钢木混合剪力墙的抗侧刚度主要由钢框架的抗侧刚度决定。第三阶段,钢木混合抗侧力体系的刚度继续下降,塑性区域也在钢框架构件中不断发展。此时,内填木剪力墙中的钉连接大量破坏,导致其对钢框架的填充效应大大降低。但木剪力墙在该阶段还可为结构耗散大量能量,但是从抗侧刚度的角度而言,木剪力墙由于破坏累积而逐渐失去提高混合体系抗侧刚度的作用。

（2）木剪力墙与钢框架的抗侧刚度比对混合体系中钢框架和木剪力墙的协同工作性能有重要影响。当采用更强的木剪力墙时,钢木混合体系的抗侧承载力和刚度明显提高;同时,木剪力墙在混合体系中承担的剪力比率和耗能比率也有所提高。为了让木剪力墙在混合体系中充分发挥结构作用,应使木剪力墙和钢框架的抗侧刚度比不小于 0.5。

（3）在钢木混合抗侧力体系中,钢木间的剪力通过钢框架和木剪力墙的螺栓连接节点传递。通过对钢木间螺栓布置间距的研究表明,为使木剪力墙的结构作用充分发挥,应在结构设计中保证其和钢框架间的连接具有足够的刚度,并使钢木连接设计抗剪总承载力大于混合体系中木剪力墙的极限抗侧承载力。

（4）采用不同钢梁柱连接节点和墙体高宽比时,木剪力墙和钢框架的刚度比因这些构造参数的变化而变化,从而影响结构的抗侧力性能和钢木间的协同工作性能。计算结果显示,木剪力墙更易在具有较弱的钢梁柱连接节点的混合体系中发挥效用。同时,相比于纯钢框架结构,因木剪力墙的存在,钢木混合抗侧力体系的抗侧承载力和刚度对其形状变化更为敏感,在实际应用中,需综合考虑几何尺寸对钢木混合抗侧力体系抗侧力性能的影响。

（5）通过钢木混合抗侧力体系的动力分析,验证了木剪力墙对整个钢框架抗侧力性能的提高作用。计算结果显示,安装内填木剪力墙的混合抗侧力体系相比与其空钢框架在地震下具有更小的侧移,木剪力墙对减小混合体系侧移有非常重要的作用。

第**6**章

钢木混合抗侧力体系地震可靠度分析

6.1 引　言

　　工程结构的设计目标为在结构设计基准期内，经济合理的满足如下要求[196]：能承受施工和正常使用期间可能出现的各种作用；在正常使用时具有良好的工作性能；在正常维护下具有足够的耐久性；以及在偶然事件，如地震、爆炸、风暴发生时及发生后，可以保持结构必要的稳定性，尽量降低生命和财产损失。当工程结构满足上述安全性、适用性和耐久性等要求时，我们认为结构在服役期内可以可靠工作，满足结构设计的可靠性要求。

　　然而，在工程结构在设计、施工和使用过程中，往往存在种种影响结构安全、适用和耐久的不确定性，这些不确定性主要包含事物本身的随机性、事物的模糊性以及对事物认知的不完善性。如何在对工程结构的可靠性分析中恰当考虑这些不确定性，并基于这些不确定性的特点，采用数学模型对其进行量化获得了学者们的广泛关注。如对于事物本身的随机性，产生了概率论、数理统计、随机过程理论；对于事物的模糊性，产生了模糊系统理论；对于未确知性，产生了灰色数学等理论。用来度量结构可靠性的指标称为可靠度，结构可靠度分析旨在给出结构可靠性的定量指标。

6.1.1　结构可靠度分析的基本内容

　　结构可靠度是指结构在规定的时间内，在规定的条件下，完成预定功能的概率。用数学公式可以表达为

$$P_s = P[G(X) > 0] = \int_{G(X)>0} f(X)\mathrm{d}x \qquad (6-1)$$

式中，$G(X)$ 为考虑随机变量矩阵 X 下的结构的功能函数，当 $G(X) > 0$ 时，结构是安全的，反之，结构失效；$f(X)$ 为这些基本随机变量的联合概率密度函数。与式（6-1）对应的为结构处于失效状态的概率：

$$P_f = P[G(X) < 0] = \int_{G(X) < 0} f(X) \mathrm{d}x \qquad (6-2)$$

在可靠度研究的最初阶段，由于缺乏对不确定性的数据统计，因而难以得到随机变量的联合概率密度 $f(X)$。学者们多采用其概率信息的一阶矩、二阶矩及相关性来简化计算，并提出了一个用来衡量结构安全性的概念，即结构可靠度指标。如 Cornell 提出的可靠指标 β_c，与其关联的结构失效概率称为名义失效概率（P_{f-n}），如式（6-3）所示。

$$P_{f-n} = \Phi(-\beta_c) = 1 - \Phi(\beta_c) \qquad (6-3)$$

如果使用随机变量的联合概率密度来描述结构可靠度问题，可计算得到结构的真实失效概率 P_f。现代结构可靠度的研究多是在这个层面上进行的，涌现出了大量计算结构失效概率的方法，与之对应的可靠度指标 β 如式（6-4）所示，我国工程结构设计规范中的可靠指标就是这样定义的。

$$\beta = \Phi^{-1}(1 - P_f) \qquad (6-4)$$

在地震工程中，因涉及地震作用（如地震加速峰值、频谱特性、持续时间等）、结构承担重量、建筑材料特性和结构施工质量等诸多不确定性，采用可靠度分析手段对结构在地震下的可靠度和失效概率进行研究是非常必要的。因此，第 6 章首先对结构可靠度的常用分析方法做了简要介绍，继而介绍国内外关于木结构和钢框架结构地震可靠度研究的工作概况；接着，对钢木混合竖向抗侧力体系的地震可靠度进行研究，并采用两种方法计算了其结构可靠度指标和失效概率；最后，对钢木混合抗侧力体系基于失效概率的设计方法进行了探讨。

6.1.2 结构可靠度分析方法

（1）一次二阶矩方法（FORM）

早在 1969 年，Cornell[197] 提出了与失效概率相联系的可靠度指标概念，将可靠度指标定义为功能函数的均值和标准差之比，从而建立了如式（6-5）所示的可靠度分析均值一次二阶矩模式：

$$\beta_c = \frac{\mu_z}{\sigma_z} = \frac{\mu_R - \mu_S}{\sigma_R - \sigma_S} \qquad (6-5)$$

式中，μ_R 和 σ_R 分别为结构抗力随机变量 R 的平均值和标准差；μ_S 和 σ_S 分别为结构荷载效应随机变量 S 的平均值和标准差。当考虑抗力随机变量 R 及荷载效应随机变量 S 服从对数正态分布时，结构可靠度指标可用式(6-6)表示。

$$\beta_c = \frac{\mu_z}{\sigma_z} = \frac{\ln\left(\frac{\mu_R}{\mu_S}\sqrt{\frac{1+\delta_S^2}{1+\delta_R^2}}\right)}{\sqrt{\ln(1+\delta_R^2)(1+\delta_S^2)}} \qquad (6-6)$$

然而，Cornell 提出的可靠度指标计算方法存在的最大问题在于，由结构功能函数的不同等价形式会得出不同的可靠度指标计算结果。为解决此问题，1974 年，Hasofer 和 Lind[198] 从可靠指标的几何意义出发，定义了在标准正态空间内坐标原点到失效面的最短距离，如式(6-7)所示。

$$\beta_c = \min_{G(y)=0} \| y \| = \| y^* \| \qquad (6-7)$$

式中，$G(y) = 0$ 为结构破坏的临界面；y^* 为该面上概率密度最大点，亦称为设计点。这一算法基本解决了可靠度指标计算结果与功能函数表达式的相关性问题。

1978 年，Rackwitz 和 Fiessler[199] 在 Hasofer 和 Lind 提出算法的基础上进一步提出"当量正态化"的理论，通过等效正态变量的方法来处理非正态的情况，奠定了一次可靠度方法的基础，此方法又称 JC 法。1979 年，Ditlevsen[200] 指出 Hasofer 和 Lind 算法中，可靠度指标对于非线性功能函数的计算结果不精确，为了进一步提高计算精度，学者们又提出了许多改进方法。如 Chen 和 Lind[201] 提出了利用三参数等效正态分布来考虑非正态概率变化函数的方法。Hohenbichler 和 Ractwitz[202] 提出应用 Roenblatt 变换将非正态变量全局等价为正态变量的 R-H-L 方法。由于这些方法计算可靠度指标只需要随机变量的前一阶矩和二阶矩(有些仍需考虑随机变量的分布概型)，而且只需考虑功能函数泰勒级数展开的常数项和一次项，故统称为一次二阶矩方法(first order reliability method，FORM)。

FORM 对于标准正态空间的线性功能函数可获得精确解，而当随机变量变换到标准正态空间后，功能函数为非线性的情况下则是一种近似解法。但 FORM 的计算量较小，又可保证计算结果相当的精度，所以，其一直是可靠度研究的最基本方法之一。当然，FORM 本身亦存在不足之处，比如，结构功能函数在设计点附近非线性程度很高时，解的精度问题；再如，它对结构功能函数显式表达式的依赖性等问题。

（2）二次二阶矩方法（SORM）

如前所述，在 FORM 中，并没有考虑设计点处的局部性质，当功能函数是非线性的，尤其是在设计点附近非线性程度较高时，采用 FORM 计算得到的结果误差较大。为此，可以将非线性功能函数用泰勒级数在设计点处展开，并取至二次项，用二次函数曲面来对复杂功能函数的失效面进行描述，此方法称为结构可靠度分析的二次二阶矩法（second order reliability method，SORM）。

在计算结构失效概率的二次二阶矩法方面，Koyluoglu 和 Nielsen[203]、Zhao[204] 等都推导了相应的近似计算公式；Der Kiureghian[205] 针对功能函数在设计点的 Hessian 矩阵复杂的求解过程，提出用拟合法构造二次曲面。赵国藩等[196] 则根据拉普拉斯逼近给出了相关随机变量的二次分析结果。SORM 方法应用的主要难点在于，功能函数在设计点处的曲率很难获得。因此，其在实际中，并没有 FORM 方法广泛。

（3）蒙特卡罗模拟（monte carlo simulation）

蒙特卡罗模拟通过抽样试验得到结构的响应值，从而直接计算结构的失效概率，其优点是回避了结构可靠度中的数学困难，如随机变量的维数等，亦不需要考虑极限状态曲面的复杂程度，只需通过分析得到结构的响应值即可。蒙特卡罗模拟中，式（6-2）可以写作式（6-8）的形式。

$$P_f = P[G(X) < 0] = \int I[G(X) < 0] f(X) \mathrm{d}x \qquad (6-8)$$

式中，$I[G(X)]$ 为结构指标函数，当 $G(X) < 0$ 时，$I[G(X)] = 1$；反之，$I[G(X)] = 0$。若 N 为模拟总次数，$G(X) < 0$ 的次数为 N_f，基于此，蒙特卡罗模拟中，结构的失效概率可用式 6-9 表示。

$$P_f = \frac{N_f}{N} = \frac{1}{N} \sum_{i=1}^{N} I[G(X_i)] \qquad (6-9)$$

然而，由于结构的失效是小概率事件，P_f 数值常为 $10^{-3} \sim 10^{-5}$，故蒙特卡罗模拟中，需要经过大量抽样才能得到结构的失效概率。很明显，这样直接的蒙特卡罗模拟很难在工程实际中应用。因此，必须利用方差缩减技术来提高抽样效率，降低模拟数目。对方差缩减技术的研究很多，目前，在可靠度领域中应用最多的是重要抽样(importance sampling)技巧。重要抽样的基本思想是通过选择抽样密度函数,改变抽样"重心",将抽样点尽可能集中在对结构失效概率贡献最大的区域,即一般是失效概率密度较高的区域,以达到提高抽样效率的目的。近年来,蒙特卡罗模拟及基于蒙特卡罗模拟的衍生方法得到了学者们的广泛重视[206-210]。值得说明的是,相对于解析方法在处理非线性功能函数时的近似性而言,蒙特卡罗模拟是一种有效且精度很高的计算方法。此外,其模拟误差也很容易确定。

6.1.3　木结构地震可靠度研究概况

由于整体结构质量较轻,相比于混凝土、砌体、砖石等结构,木结构建筑在地震中造成的人员伤亡较少,且大多能满足"大震不倒"的设防需求。1994 年美国加州北岭地震(Northridge earthquake)和 1995 年日本神户地震(Kobe earthquake)中,由于木结构房屋损坏亦造成了巨大的经济损失。美国 Federal Emergency Management Agency(FEMA)[211]于 2000 年提出了基于层间位移角的轻型木结构建筑性能指标,旨在保证地震中木结构房屋中人员生命安全的前提下,尽量减少地震造成的经济损失。在过去 20 年中,地震可靠度评估成为木结构研究领域的热点之一,学者们的工作主要集中在木构件和整体木结构的地震易损性分析、基于全概率的可靠度分析和基于性能的结构抗震设计等方面。

在结构可靠度分析中,当一种不确定性对结构的影响占主导作用时,便可采用易损性分析将结构在地震下的响应和地震灾害解耦,建立结构的易损性曲线,从而对其可靠度和失效概率进行评估。易损性分析具有极限状态方程构造明确、结果直观等优点,因此,被学者们广泛应用。如 2002 年,Rosowsky 和 Ellingwood[212]提出采用易损性分析,对轻型木结构建筑在不同等级地震下的可靠度进行评估的方法,根据此方法,Rosowsky[213]对参数各异的轻型木剪力墙进行了非线性时程分析,并绘制性能曲线,从而,为尺寸为 2.44 m×2.44 m 的轻型木剪力墙的抗震设计提供指导。2005 年,Kim 和 Rosowsky[214]采用易损性分析方法,对轻型木剪力墙在小震和中震下的失效概率进行了计算。同时,基于参数敏感性分析,探讨了覆面板形式、钉连接性能和间距、阻尼比取值等因素对墙体在地震下失效概率的影响。2003 年,vandeLindt 和 Walz[215]对轻型木剪力墙在不同场地下的地震易损性进行了比较。同时,研究了不同剪力墙滞回特性对其地震可靠度的影响。2006 年,Gu 等[216]采用易损性分析方法对以三种不同树种建造的木剪力墙的地震可靠度进行了比较。

然而,在易损性分析中,只有来自地震本身的不确定性被充分考虑。而全耦合的可靠度分析手段则可以将任意数量个关心的不确定性参数与结构的响应耦合起来,从而提供相对全面的结构可靠度估计。蒙特卡罗模拟是全耦合可靠度分析中的常用方法,然而,对于具有明显非线性特征的复杂结构体系,蒙特卡罗模拟所需要的计算量巨大。因此,在结构全耦合的可靠度分析中,如能将结构非线性响应通过响应面(response surface)表示,继而便可进一步采用一次二阶矩(FORM)或二次二阶矩(SORM)等方法计算结构的失效概率和可靠度指标。

早在 1998 年,Ceccotti 和 Foschi[217]就考虑地震作用和木剪力墙结构参数的不确定性,采用 FORM 对加拿大木结构设计规范中木剪力墙设计参数的合理取值进行了研究。2000 年,Foliente[218]借助改进的 BWBN 滞回模型模拟木剪力墙的滞回性能,基于日本地震等级和地震记录,采用蒙特卡罗模拟计算了轻型木剪力墙的地震可靠度。在随后的参数分析中,Paevere 和 Foliente[219]认为,除地震作用外,还有木剪力墙本身的滞回和刚度退化性能对其地震可靠度有重要影响。2003 年,Zhang[220]采用神经网络法,对轻型木剪力墙在多个性能目标下的可靠度指标进行了计算,在计算中,综合考虑了地震作用、木剪力墙的承担重量和面板钉间距等的不确定性。2004 年,Sjogerg 等[221]开发了基于蒙特卡罗模拟方法,计算轻型木结构房屋地震可靠度的专用软件。2005 年,Foschi[222]对日本梁柱式木结构体系的地震可靠度分析进行了研究;Rosowsky 等[223]采用蒙特卡罗模拟方法,计算了轻型木剪力墙在侧向荷载和竖向荷载共同作用下的地震可靠度。2006 年,Wang 和 Foliente[224]选取木剪力墙的层间位移角作为结构性能目标,对不对称轻型木结构房屋在强震下的可靠度进行了评估。2009 年,Li 等[190-192]采用响应面法,对日本梁柱式木结构体系的地震可靠度进行了分析。研究表明,采用不同树种建造的木剪力墙可靠度指标相差甚大,需在梁柱式木结构建筑的建造中予以特别考虑。

6.1.4 钢框架结构地震可靠度研究概况

钢框架结构的地震可靠度问题获得了世界各国学者更多的关注。1999 年,Song 和 Ellingwood[225,226]对采用焊接梁-柱连接节点钢框架结构的地震可靠度进行了分析,并详细讨论了在非线性分析中对结构体系和数值模型中不确定性的处理方法。随后,Ellingwood 及其研究团队[227-229]又针对地震中钢结构的破坏识别、性能目标确定和可靠度计算方法进行了研究,并以实际结构为例,进行了基于易损性的地震可靠度分析。2000 年,Wang 和 Wen[230] 对北岭地震区低层钢框架结构的地震可靠度进行了研究。2002 年,Yun 等[231] 亦以北岭地震区的钢框架结构为例,基于地震作用、结构响应和性能目标的关系,综合考虑结构自振周期、承担重量、材料特性和阻尼比等不确定性,对该地区钢框架结构的地震可靠度进行了评估。2004 年,Lee 等[232] 研究了震后具有结构损伤的钢框架体系的可靠度指标,其研究为地震中损坏的钢结构建筑安全性评估提供了可能。2008 年,Kazantzi 等[233,234] 以一座多层钢框架结构为例,采用增量动力分析获得了结构响应数据库,基于地震灾害分析,采用易损性方法,得到了结构在不同性能水准下的失效概率。相对于常规钢框架结构,近几年来,学者们将更多的注意放在了具有特殊抗震、防震结构构造或安装有新型减震消能装置的钢框架结构体系的可靠度分析上。如 Jin 和 El-Tawil[235] 对梁截面具有削弱的钢框架结构进行了地震可靠度分析;Roeder 等[236] 对具有偏心支撑的钢框架结构的地震可靠度进行了研究;Ellingwood 等[237] 研究了一种梁柱节点由记忆合金制作而成的钢框架结构在地震中的可靠度。

综上所述,虽然各国学者对木结构、钢框架结构的地震可靠度均做了相当程度的研究,但是,国内外还没有针对钢木混合结构或木基混合结构体系的可靠度研究工作。因此,本章将从钢木混合抗侧力体系的性能目标确定入手,采用易损性分析和响应面法两种手段,对钢木混合抗侧力体系的地震可靠度进行研究。通过计算具有特定结构构造钢木混合抗侧力体系的可靠度指标,评估钢木混合抗侧力体系在不同等级地震作用下的可靠性,从而为钢木混合抗侧力体系基于概率的设计方法提供基本数据和建议。

6.2　钢木混合抗侧力体系的性能目标

在对钢木混合抗侧力体系进行地震可靠度分析之前,必须确定不同水准地震作用下结构所应达到的性能目标,继而根据性能目标确定在地震作用下结构是否可达到一定的性能水准,并据此计算结构失效概率和可靠度指标。在钢木混合抗侧力体系中,钢构件中的应力水平、木剪力墙中钉连接的破坏状况等均可作为结构性能目标,然而,这些性能目标仅能反映结构局部破坏状况,无法对应结构整体的安全性。事实上,北岭地震后,美国研究学者已经对轻型木结构和钢框架的性能需求与各水准地震作用之间相互关系做了较深入研究[238,239]，并对不同水准地震作用下房屋所需到达的性能目标提出建议。现今，基于结构层间位移的性能目标为广大学者所接受[212,213]，因层间位移不仅能反映结构整体的安全情况，还能反映结构主要构件的破坏情况。但是，必须结合试验结果，按相关规范中对不同地震水准下结构性能的描述来确定结构层间位移性能目标。

经过对 FEMA 规范的多次修订，于 2013 年，美国研究学者提出了最新的"seismic evaluation and retrofit of exsiting buildings（ASCE41 - 13）"[240]，该规范将建筑结构的性能水准划分为 5 个等级，即 S - 1，立即居住（immediate occupancy，IO）；S - 2，破坏控制（damage control，DC）；S - 3，生命安全（life safety，LS）；S - 4，有限安全（limited safety）；S - 5，防止倒塌（collapse prevention，CP）。这 5 个性能等级分别对应回归周期不同的地震作用。规范规定，需针对 S - 1、S - 3 和 S - 5 3 个性能水准，按其考虑的地震大小进行结构设计，从而保证结构在地震作用下的可靠性。

对钢木混合抗侧力体系，并没有规范对其在不同地震水准下的性能目标提出规定或建议。因此，6.2 节将基于试验结果，结合 ASCE41 - 13 中对立即居住、生命安全和防止倒塌的相关条文，确定钢木混合抗侧力体系在这 3 个性能水准下的结构性能目标，以供第 6 章后续分析之用。以试件 B 为例，试验中得到的 3 个钢木混合抗侧力体系的承载力-侧移包络线如图 6 - 1 所示。

（1）立即居住性能水准

ASCE41 - 13 对立即居住性能水准的定义为建筑结构在震后可不经维修而继续被安全使用，结构破坏在这一性能水准非常有限，且结构的竖向和水平向抗侧力体系基本上完全保持了地震前设计的承载能力和刚度，结构的永久变形基本上可忽略不计。即使结构有需要维修的损害，这些维修亦可以在人员正常入住到房屋之内后进行。具体说来，对钢框架结构，在该性能水准下允许极少钢构件进入局部屈服；对轻型木结构剪力墙，在该性能水准下允许在门窗洞口角部出现石膏板裂纹。在试验中，当钢木混合抗侧力体系的层间位移角达到0.7％时，一钢梁柱连接节点的局部屈服可以通过应变片的读数捕捉到；然而，对内填木剪力墙则未发现任何肉眼可见的破坏。卸载后，结构的残余变形基本可以忽略。从图 6 - 1(b)中的包络线亦可见，当层间位移角小于 0.7％时，可以认为钢木混合结构的抗侧力体系仍处于弹性阶段。因此，0.7％被作为立即居住性能水准的层间位移角限值。

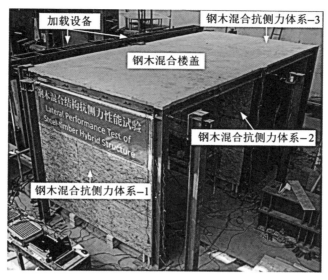

(a) 钢木混合结构抗侧力性能试验

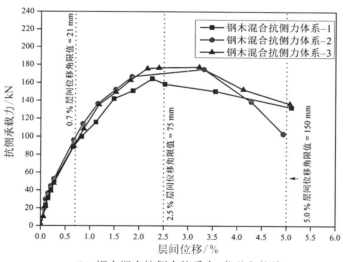

(b) 钢木混合抗侧力体系力–位移包络线

图 6-1　钢木混合抗侧力体系性能目标确定

（2）生命安全性能水准

ASCE41-13 对生命安全性能水准的定义为虽建筑结构中有结构构件在地震中破坏,结构有明显的永久变形,但结构仍具有能避免整体或局部倒塌的承载力和刚度。在该性能水准中,允许部分结构构件损坏,且人员虽有受伤,但其生命安全应能得到保证。结构在震后可以进行维修,维修过程中可能需要增加结构抗侧力构件或替换已经损坏的结构构件,维修完成后人员才可入住。具体说来,对钢框架结构,在该地震水准下可能有塑性铰的形成,并伴随节点的扭曲和局部失稳;对轻型木剪力墙,在该地震水准下其大部分钉连接节点松动,面板角部钉连接破坏,同时伴有墙骨柱构件的局部劈裂。在试验中,当钢木混合抗侧力体系的层间位移角达到 2.5% 时,内填木剪力墙中位于覆面板角点钉连接破坏如图 6-2(a)所示。同时,在钢木混合楼盖的砂浆面层中,出现较多裂纹,如图 6-2(b)所示。钢框架上的应变片度数显示,钢构件中的塑性区域在此层间位移角下不断扩展,但其梁柱节点并未出现破坏。卸载后,钢木混合结构的层间残余变形在 1.0% 左右。通过图 6-1(b)可见,在层间位移角为 2.5% 时,钢木混合

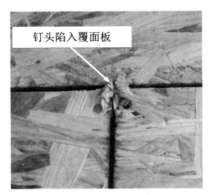

(a) 覆面板角点钉连接破坏

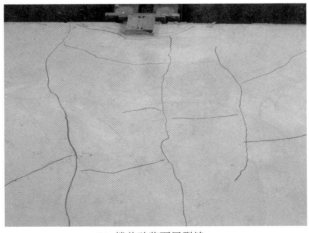

(b) 楼盖砂浆面层裂缝

图 6-2　层间位移角达到 2.5% 时钢木混合结构的破坏情况

抗侧力体系基本达到承载力极限状态,体系表现出延性破坏特征。因此,2.5%被作为生命安全性能水准的层间位移角限值。

　　(3)防止倒塌性能水准

　　ASCE41-13 对防止倒塌性能水准的定义为建筑结构在震后虽经历了大部分结构构件的破坏,但是仍具有承担竖向荷载的能力,从而不会导致结构大面积坍塌。在该性能水准中,结构的竖向抗侧力构件出现了极大的刚度和强度退化,出现很大残余变形,然而部分结构构件仍能有效传递竖向荷载。结构部分坍塌可能造成人员伤亡,震后结构基本无法维修。具体说来,对钢框架结构,在该地震水准下钢构件大量进入屈服,在钢梁柱抗弯节点处出现断裂;对轻型木剪力墙,在该地震水准下大部分面板钉连接已经破坏,且伴随着覆面板整体被剥离墙骨柱以及墙骨柱构件劈裂等破坏;对楼盖体系,在该地震水准下其平面内刚度大大降低,但仍保持有一定的竖向承载力。在试验中,当钢木混合抗侧力体系的层间位移角达到 5.0% 时,内填木剪力墙中的面板钉连接基本破坏,同时出现覆面板剥离墙骨柱的破坏模式,如图 6-3(a)所示;钢框架中的梁柱节点抗弯焊缝出现断裂,如图 6-3(b)所示,钢构件基本进入屈服;钢木混合楼盖的砂浆面层中出现了大量裂缝,并伴随局部压碎的破坏模式,如图 6-3(c)所示,其平面内抗侧刚度大幅度下降。卸载后,钢木混合结构的残余变形在2.0% 左右。通过图 6-1(b)可见,在层间位移角为 5.0% 时,钢木混合抗侧力体系因其延性表现仍具有一定承载能力。因此,在本研究中,5.0% 被作为防止倒塌性能水准的层间位移角限值。然而,必须谨慎确定建筑结构在防止倒塌性能水准的表现,特别是当结构体系复杂,并涉及大震中二次传力路径的形成等问题。因此,防止倒塌性能水准下,结构性能目标宜通过大量震后调研、试验和数值分析的结果综合确定[212]。

　　事实上,我国《建筑结构抗震设计规范》[241]虽对结构性能目标没有确定性描述,但 ASCE41-13 规范中规定的 3 个性能水准恰恰可与我国规范中的“小震不坏、中震可修和大震不倒”相对应。我国《建筑结构抗震设计规范》还规定了在结构分析中,小震(多遇地震)、中震(基本烈度地震)和大震(罕遇地震)对应的 50年超越概率分别为 63%、10% 和 2%,其相应回归周期分别为 50 年、475 年和2 475年。综上所述,本研究中对钢木混合抗侧力体系在不同水准地震下的性能目标列于表 6-1 中,其 3 个性能水准 IO、LS 和 CP 则分别与我国建筑结构抗震设计规范规定的小震、中震和大震 3 个地震水准相对应。

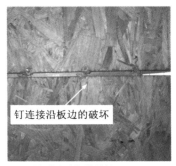

(a) 覆面板剥离墙骨柱　　　　　(b) 钢梁柱连接节点处焊缝断裂

(c) 楼盖水泥面层局部破坏

图 6-3　层间位移角达到 5.0% 时钢木混合结构的破坏情况

表 6-1　钢木混合抗侧力体系的性能目标

地震水准	小震 （50年超越概率63%）	中震 （50年超越概率10%）	大震 （50年超越概率2%）
结构性能 水准	立即居住	生命安全	防止倒塌
结构破坏 情况	允许极少钢构件进入局部屈服；对轻型木结构剪力墙则可能在门窗洞口角部出现石膏板裂纹；结构的永久变形基本上可以忽略不计	对钢框架构件可能有塑性铰的形成，并伴随节点的扭曲和局部失稳，然而钢构件连接中的剪力传递部分仍未脱开；对轻型木剪力墙，大部分钉连接节点松动，面板角部钉连接破坏，同时伴有墙骨柱构件的局部劈裂	钢构件大量进入屈服，在钢梁柱抗弯节点处出现断裂；对轻型木剪力墙，大部分面板钉连接已经破坏，且伴随着覆面板整体脱离及墙骨柱构件劈裂等破坏
层间位移 角限值	0.7%	2.5%	5.0%

6.3　增量动力分析

增量动力分析法（incremental dynamic analysis，IDA）是近年来被广泛应用的一种用于评价结构抗震性能的分析方法，它的基本做法是将一组地震动记录分别乘上一系列放大系数，从而调幅为一系列地震动记录组，继而采用非线性动力时程分析计算结构在这些地震动记录下的响应。本章将采用增量动力分析法建立结构响应数据库，继而通过可靠度分析手段对钢木混合抗侧力体系的地震可靠度进行评估。

6.3.1　分析对象和数值模型

本章以 4 个具有不同内填木剪力墙和钢框架抗侧刚度比（K_r＝0.5，1.0，2.5 和 5.0）的钢木混合抗侧力体系为例，对其地震可靠度进行评估。图 6-4 给出了钢木混合抗侧力体系构造，该钢木混合抗侧力体系尺寸为 3 m×3 m，钢柱截面为 H150×150×7×10，钢梁截面为 H150×100×6×9，钢材牌号为 Q235B，钢梁柱连

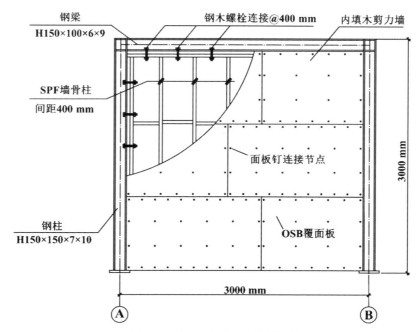

图 6-4　钢木混合抗侧力体系构造

接节点采用刚性连接。木剪力墙中,墙骨柱采用进口Ⅲc级及以上 SPF 规格材,截面尺寸为 38 mm×140 mm,沿墙体长度方向中心距400 mm。墙体端部边墙骨柱由两根规格材构成。双层顶梁板,单层底梁板材料均同墙骨柱。4 个钢木混合抗侧力体系具有相同的钢框架构造,他们的不同之处在于采用了不同的面板和钉子类型,其钉子间距也不尽相同,内填木剪力墙构造参数列于表 6-2 中。

表 6-2　内填木剪力墙构造参数

抗侧刚度比 K_r	钉子类型	面 板 类 型	面板安装形式
0.5	CN50[①]	9.5 mm-OSB	单面覆板
1.0	CN50	9.5 mm-OSB	双面覆板
2.5	12d[②]	14.7 mm-OSB	单面覆板
5.0	12d	14.7 mm-OSB	双面覆板

注:① CN50 钉长度为 50 mm,直径为 2.87 mm,符合日本"Japanese Industrial Standards(JIS)"规范中的相关要求。
　　② 12d 钉长度为 82 mm,直径为 3.81 mm,符合美国"ASTM F1667-11a(Standard Specification for Driven Fasteners:Nails,Spikes,and Staples)"规范中的相关要求。

采用第 4 章所述方法建立钢木混合抗侧力体系的数值模型,如图 6-5 中所示。模型中的"pesudo nail"参数通过对内填木剪力墙的数值计算结果回归得到,具体如表 6-3 所示。在有限元模型中,以质量单元模拟钢木混合抗侧力体系的承担重量,假设该钢木混合抗侧力体系位于一 5 层钢木混合结构的最底层,则其承担的重量取可为 4 500 kg/m。表 6-3 中的参数意义可参见第 4 章中对"pesudo nail"模型的介绍部分。

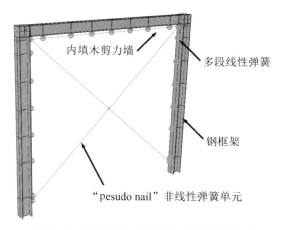

图 6-5　钢木混合抗侧力体系的数值模型

表 6 - 3　钢木混合抗侧力体系中木剪力墙的"pesudo nail"参数

参　　　数	$K_r=0.5$	$K_r=1.0$	$K_r=2.5$	$K_r=5.0$
$Q_0(\text{kN/mm})$	1.092	2.638	3.632	6.141
$Q_1(\text{kN/mm}^2)$	0.005	0.004	0.004	0.005
Q_2	1.400	1.400	1.500	1.600
$K_0(\text{kN/mm}^2)$	0.243	0.326	0.588	1.386
$D_{\max}(\text{mm})$	87.501	76.801	44.212	51.542
$L(\text{mm})$	200.00	200.00	300.00	300.00
$D(\text{mm})$	4.00	5.00	6.50	9.50

6.3.2　地震记录选取

为了考察钢木混合抗侧力体系在中国强震区的地震响应,本分析中,钢木混合抗侧力体系的建设场地假定为 8 度抗震区,三类场地(平均剪切波速为 140 m/s～250 m/s)。根据此场地条件假定,选取 15 条地震记录作为增量动力分析的地震输入。在选取地震记录的过程中,尽量从在中国的地震数据库中选取。然而,由于我国对地动记录的捕捉不尽全面,且很多亦与本分析假定的场地条件相差较大,故也从美国太平洋地震研究中心的 Next Generation Attenuation database 选取了一些具有相近场地条件的日本和美国加州的地震动记录。本分析采用的地震动记录如表 6 - 4 所示。

表 6 - 4　分析中应用的地震动记录

序号	地　震	时　间	测　站	分量	加速度峰值/g
1	Wenchuan	12/05/2008	Wolong	EW	0.976
2	Tangshan	28/07/1976	Beijing Hotel	EW	0.067
3	Ninghe	25/11/1976	Tianjin Hospital	NS	0.149
4	Qian'an	31/08/1976	M0303 Qian'an lanhebridge	NS	0.135
5	Chichi - 1	21/09/1999	CHY006	NS	0.345
6	Chichi - 2	21/09/1999	TCU070	EW	0.255
7	Chichi - 3	21/09/1999	TCU106	NS	0.128

序号	地　震	时　间	测　站	分量	加速度峰值/g
8	Chichi - 4	21/09/1999	TAP052	NS	0.127
9	Kobe	17/01/1995	0KJMA	KJM000	0.821
10	Northridge - 1	17/01/1994	0013 Beverly Hills - 14145 Mulhol	MUL009	0.416
11	Northridge - 2	17/01/1994	24278 Castaic-Old Ridge Route	ORR090	0.568
12	Northridge - 3	17/01/1994	90086 Buena Park-La Palma	BPK090	0.139
13	Loma Prieta - 1	18/10/1989	47381 Gilroy Array♯3	G03000	0.555
14	Loma Prieta - 2	18/10/1989	57425 Gilroy Array♯7	GMR000	0.226
15	Loma Prieta - 3	18/10/1989	58224 Oakland-Title & Trust	TIB180	0.195

6.3.3　地震记录调幅

中国《建筑结构抗震设计规范》中规定了对 8 度设防烈度区,多遇地震、设防烈度地震和罕遇地震的反应谱,3 种地震对应的反应谱平台段最大值分别为 0.16 g、0.45 g 和 0.90 g。在本章的增量动力分析中,共考虑了 15 个地震水准,除了这 3 个地震水准外,还另外考虑了 12 个不同地震水准,其相应的反应谱最大值 S_a 分别为 0.10 g、0.30 g、0.60 g、0.75 g、1.05 g、1.20 g、1.35 g、1.50 g、1.65 g、1.80 g、1.95 g 和 2.10 g。在每一个地震水准的非线性分析中,首先需要进行的工作就是对地震记录进行调幅,从而使经过调幅的一组地震记录可以反映其对应地震水准的地震作用。

地震记录的调幅方法主要有直接调整加速度峰值法、基于结构周期调整法和基于反应谱调整法。由于不同地震记录间频谱特性的差异,直接调整地震记录的加速度峰值常不能保证激起结构的最大响应;而由于钢木混合抗侧力体系明显的刚度退化特征,其结构周期在地震中不断增大,故采用基于结构周期调整法也不能较好地适用于本章所需的分析。因此,本章采用现今广泛应用的基于反应谱调整法对地震记录进行调幅。图 6-6 以设防烈度地震水准为例,对基于反应谱调整法进行说明。

图中黑色粗线为《中国建筑结构抗震设计》规范中对应 8 度设防烈度区,三

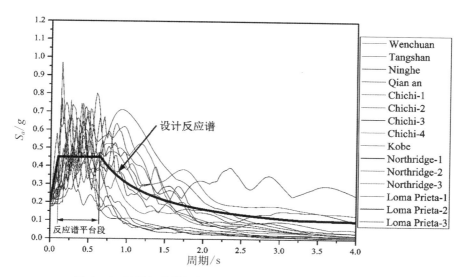

图 6 - 6　地震记录的调幅(设防烈度地震、对应 LS 性能水准)

类场地的地震设计反应谱,反应谱最大值为 0.45 g,最大值对应平台段的周期为 0.10~0.65 s。对每一条地震记录按 5% 阻尼比转化为反应谱,继而使反应谱落在平台段对应周期范围内数值的平均值等于 0.45 g,即完成了对地震记录在该设防烈度下的调幅。在分析中,共考虑 15 个地震水准,因此,需按照这些地震水准对应的反应谱平台段最大值(S_a)分别进行调幅。调幅后的地震记录即可作为非线性动力时程分析的激励输入,对整个增量动力分析而言,共对四面墙体在 15 个地震水准下进行了 900 个非线性动力时程分析。

6.4　基于易损性的地震可靠度分析

6.4.1　极限状态方程

结构的易损性为特定地震水准下,结构不能达到预定性能目标的概率,可用式(6 - 10)所示的条件概率表示:

$$F_R(z) = P[G(X) < 0 \mid IM = z] \qquad (6 - 10)$$

式中,$G(X)$ 即为考虑随机变量矩阵 X 下的结构的功能函数;IM 为地震强度参数,本研究中采用反应谱平台段最大值 S_a 度量地震强度;z 为地震强度的具体大小。当引入层间位移角作为结构的性能目标时,式(6 - 10)可写成式(6 - 11)

的形式：

$$F_R(z) = P[\theta_{\max} \geqslant \theta_{PL} \mid S_a = z] \qquad (6-11)$$

式(6-11)即表示了在地震强度 S_a 等于 z 的情况下，结构的最大层间位移响应对应的层间位移角 $\theta_{\max}$ 大于层间位移角限值 θ_{PL} 的概率。在不同结构性能水准下，式(6-11)中的层间位移角限值取值 θ_{PL} 可参见表 6-1 中的数值取用。

6.4.2　层间位移峰值累积分布曲线

在结构易损性分析中，常采用对数正态(lognormal)分布拟合结构响应。可将由增量动力分析得到的结构，在地震作用下的层间位移峰值响应拟合为对数正态分布，其对应的累积分布曲线 $F_X(x)$ 可采用式(6-12)表示。

$$F_X(x) = \Phi\left[\frac{(\ln x - \lambda)}{\xi}\right] \qquad (6-12)$$

式中，$\Phi(\cdot)$ 为正态分布算子；λ 和 ξ 为对数正态分布参数，可通过对增量动力分析得到的结构最大侧移峰值响应数据回归得到。图 6-7 至图 6-9 显示了具有 4 种不同抗侧刚度比的钢木混合抗侧力体系的层间位移峰值响应累积分布曲线，3 个地震水准所对应的结构层间位移性能目标亦标于图中。

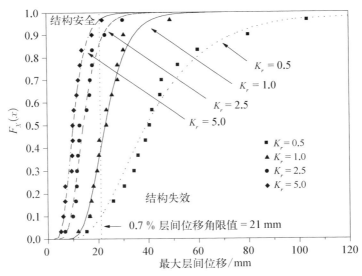

图 6-7　钢木混合抗侧力体系层间位移峰
值累积分布曲线(多遇地震,IO)

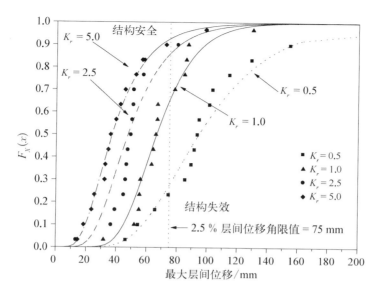

图 6 - 8　钢木混合抗侧力体系层间位移峰值累积
分布曲线(设防烈度地震,LS)

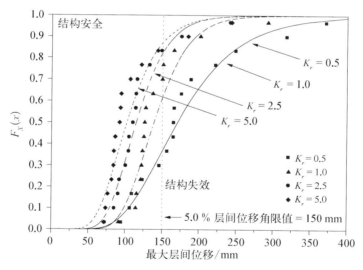

图 6 - 9　钢木混合抗侧力体系层间位移峰值
累积分布曲线(罕遇地震,CP)

　　结构最大层间位移峰值的累积分布曲线可以直观方便的用来计算结构在特定地震水准下的失效概率。以图 6 - 7 为例,图中 0.7% 层间位移角限值对应的直线将结构响应划分为两部分:当结构响应落在图中直线左侧部分时,结构是安全的;而当结构响应落在图中直线右侧部分时,认为结构失效。因此,可通过层间位移角限值线与拟合得到的对数累积分布曲线的交点得到结构失效概率。由上图得到的钢木混合抗侧力体系在 3 个地震水准下的失效概率如表 6-5 中所示。

表 6-5　钢木混合抗侧力体系在不同地震水准下的失效概率(%)

抗侧刚度比	多遇地震	设防烈度地震	罕遇地震
	立即入住(IO)	生命安全(LS)	防止倒塌(CP)
$K_r=0.5$	90.0	72.5	63.3
$K_r=1.0$	61.0	34.6	38.4
$K_r=2.5$	13.5	13.9	17.7
$K_r=5.0$	3.1	7.3	13.0

从表 6-5 中的数据可知,采用更强内填木剪力墙的钢木混合抗侧力体系在 3 个地震水准下均具有更低的失效概率。通过钢木混合抗侧力体系在不同地震水准下的失效概率对比还可发现:内填木剪力墙对混合体系抗震性能的提高作用在地震较小时更为明显,其主要原因在于,木剪力墙在经历较大层间位移角时会具有较明显的刚度和强度退化特征,从而降低了木剪力墙在较大地震作用下对的结构效用。

6.4.3　易损性曲线

通过结构层间位移峰值的累积分布曲线,可以方便而直观地得到结构在不同地震水准下的失效概率。因此,将结构在不同地震水准下层间位移峰值响应均拟合为对数正态分布后,可以得到混合抗侧力体系在 15 个地震水准下结构的失效概率,可采用式(6-13)得到结构的易损性曲线。

$$F_R(z) = \Phi\left[\frac{\ln(z/m_R)}{\xi_R}\right] \tag{6-13}$$

式中,$\Phi(\cdot)$ 为正态分布算子;z 为对地震水准的度量,本章中即为地震反应谱值 S_a;m_R 和 ξ_R 分别对应对数正态分布中基础数据的平均值和标准差。考虑结构设计中所特别关注的 3 个地震水准(多遇地震、设防烈度地震和罕遇地震),通过增量动力分析所得的 4 个钢木混合抗侧力体系的地震易损性曲线如图 6-10 至图 6-13 所示。图中,IO、LS 和 CP 对应括号中的数据分别表示与该性能水准对应地震的 50 年超越概率为 63%、10% 和 2%。

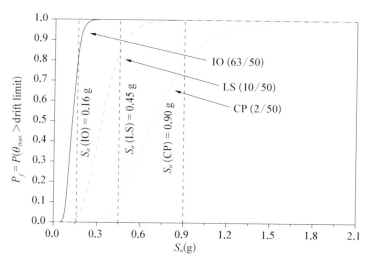

图 6‐10　钢木混合抗侧力体系的易损性曲线(抗侧刚度比 $K_r = 0.5$)

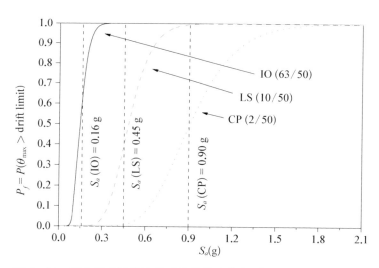

图 6‐11　钢木混合抗侧力体系的易损性曲线(抗侧刚度比 $K_r = 1.0$)

6.4.4　地震灾害分析

　　由式(6‐10)可知,结构易损性为条件概率形式。因此,若需得到结构基于地震事件的失效概率或年化失效概率,则必须引入地震灾害分析,并定量确定具有一定大小地震的发生概率。如前所述,中国建筑结构抗震设计规范中,分别按照 50 年超越概率 63%、10% 和 2% 考虑多遇地震、设防烈度地震和罕遇地震。

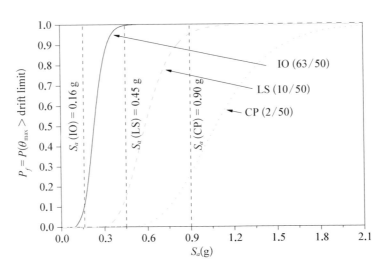

图 6 - 12 钢木混合抗侧力体系的易损性曲线(抗侧刚度比 $K_r = 2.5$)

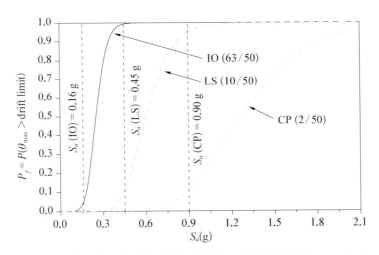

图 6 - 13 钢木混合抗侧力体系的易损性曲线(抗侧刚度比 $K_r = 5.0$)

采用 Cornell[242] 提出的指数曲线式(6 - 14)描述该场地针对大小为 S_a 地震的年超越概率,根据中国规范中的地震回归周期对指数曲线中的参数进行回归。回归分析所得式(6 - 14)中 k_d 系数为 2.252 73,k_s 系数为 0.000 33,回归得到的指数曲线与规范中规定的地震回归周期的对比如图 6 - 14 所示。

$$H_{IM} = (S_a) = k_s S_a^{-k_d} \qquad\qquad (6 - 14)$$

式中,$H_{IM}(S_a)$ 为地震水准 S_a 地震的年超越概率。

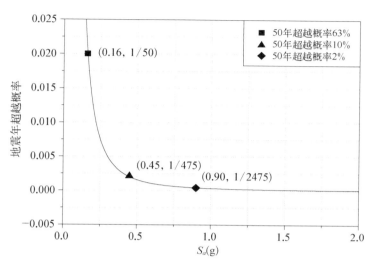

图 6‐14　基于中国规范的地震灾害分析

6.4.5　可靠度指标和失效概率计算

由易损性表示的结构失效概率在引入地震灾害分析后,便可采用式(6‐15)来计算结构的可靠度指标和失效概率。

$$P_f = \int f_R(z) H_{IM}(S_a) dz \qquad (6-15)$$

式中,P_f 为结构失效概率;$f_R(z)$ 为易损性的概率密度分布曲线;$H_{IM}(z)$ 为该场地下,大小为 S_a 地震的年超越概率。式(6‐15)的离散形式可用式(6‐16)表示:

$$P_f = \sum \left[F_R(S_{a_i}) - F_R(S_{a_{i-1}}) \right] H_{IM}(S_{a_i}) \qquad (6-16)$$

式中,$F_R(S_{a_i})$ 为结构在地震水准为 S_{a_i} 时的易损性。采用式(6‐16)可以方便地计算钢木混合抗侧力体系的年失效概率及其相应可靠度指标,对 4 种不同参数钢木混合抗侧力体系的计算结果如表 6‐5 所示。可见,采用更强的内填木剪力墙可以有效减小钢木混合抗侧力体系在 3 个性能水准下的失效概率;然而,在 3 个失效水准的对比中可发现,采用更强的内填木剪力墙对 IO、LS 和 CP 3 个水准可靠度的提高作用依次降低,这与试验中得到的内填木剪力墙在层间位移角较小时对体系的作用更加明显相对应。由表 6‐6 可知,钢木混合抗侧力体系在立即居住(IO)、生命安全(LS)和防止倒塌(CP)性能水准下的可靠度指标分别为 1.760～2.464、2.619～3.273 和 3.109～3.506。

表 6-6　钢木混合抗侧力体系的年失效概率和
可靠度指标(由易损性分析得到)

抗侧刚度比	立即居住(IO)		生命安全(LS)		防止倒塌(CP)	
	P_f	β	P_f	β	P_f	β
$K_r = 0.5$	3.920×10^{-2}	1.760	4.405×10^{-3}	2.619	9.390×10^{-4}	3.109
$K_r = 1.0$	2.298×10^{-2}	1.996	1.709×10^{-3}	2.927	4.441×10^{-4}	3.324
$K_r = 2.5$	8.307×10^{-3}	2.395	9.174×10^{-4}	3.116	3.243×10^{-4}	3.410
$K_r = 5.0$	6.865×10^{-3}	2.464	5.321×10^{-4}	3.273	2.278×10^{-4}	3.506

6.5　基于响应面法的地震可靠度分析

　　响应面法(response surface method)最早是由 Box 和 Wilson[243] 为了寻找一化学反应中的最优操作而在 1954 年提出的。随后,该方法也逐渐被应用于解决结构工程中的相关问题,主要为用来估计结构参数输入(如荷载效应、结构体系特征等)与结构输出(变形、应力和位移等)之间的关系。响应面法将结构在一定参数输入下的响应采用显示方程表示,并可考虑多种结构不确定性来源,如荷载作用的不确定性、结构承担重量的不确定性和结构材料性能的不确定性等。在对结构地震可靠度的评估中,结构响应面可通过结构非线性动力分析数据库获得。

　　在响应面法中,结构在地震作用下的响应 R 可用一系列不确定性参数表示,如式(6-17)所示:

$$R(X) = R(X_1, X_2, \cdots, X_n) \tag{6-17}$$

式中,X_1, X_2, $\cdots$, X_N 为与结构响应有关的不确定参数。对于结构在地震作用下的非线性响应,常可以采用式(6-18)所示的显示方程表示结构响应,进一步如采用多项式来表示结构响应时,式(6-18)可便可写成式(6-19)的形式。

$$F(X) = F(X_1, X_2, \cdots, X_n) \tag{6-18}$$

$$F(X) = F_0 + a^T(X - X_0) + (X - X_0)^T b(X - X_0) \qquad (6-19)$$

式中，F_0 为结构基于不确定性参数向量 X_0 的响应；a 和 b 为响应面系数，可采用式(6-20)和(6-21)表示。

$$a^T = (a_1, a_2, a_3, \cdots, a_n)^T \qquad (6-20)$$

$$b = \begin{bmatrix} b_1 & & & & \\ & b_2 & & & \\ & & b_3 & & \\ & & & \cdots & \\ & & & & b_n \end{bmatrix} \qquad (6-21)$$

因此，如采用式(6-19)表示结构响应面，则至少需要除了 F_0 之外的 $2n+1$ 个结构响应数据。为了提高响应面法的精度，Bucher 和 Bourgund[244] 在 1990 年提出了一种构造响应面改进方法，如式(6-22)所示。

$$X_a = \mu + (X_d - \mu) \frac{\widetilde{g}(\mu)}{\widetilde{g}(\mu) - \widetilde{g}(X_d)} \qquad (6-22)$$

式中，μ 为获得结构响应面过程中抽样点的均值；$\widetilde{g}(X)$ 为原来得到的响应面；X_d 为结构性能设计点；X_a 为新获得响应面的中心点。对原来得到响应面采用如式(6-22)的改进，则另需要 $(2n+1)$ 个抽样点，在加之设计点 X_d 和获得原响应面需要的 $(2n+1)$ 个抽样点，构造这样的响应面共需要 $(4n+3)$ 个抽样点的结构响应数据。

6.5.1　结构功能函数

针对本章的研究问题，考虑层间位移角作为结构性能目标的功能函数如式(6-23)所示。

$$G = \delta - \Delta(a_s, r, F_d, \varepsilon) \qquad (6-23)$$

式中，δ 为结构的性能目标，本研究中取为不同地震水准下的层间位移限值；$\Delta(\cdot)$ 为结构的层间位移响应，主要可通过地震作用大小 a_s、地震波频谱特征 r、结构设计参数 F_d 和响应面拟合误差 ε 确定。本研究中，地震作用大小采用 S_a 表示，根据《中国建筑抗震设计》规范中规定的不同水准地震的回归周期，在本分析中，可另 S_a 服从均值为 0.115 g，变异系数(COV)为 1.0 的对数正态分布，且假定该地区的地震年发生概率为 0.1；对地震频谱成分特征 r 来说，可认为其已经蕴含于选取的 15 条地震记录中；结构设计参数可选用钢木抗侧刚度比 K_r 表示。这样，式(6-23)便可写作式(6-24)的形式。

$$G = \delta - \Delta(S_a, K_r, \varepsilon) \tag{6-24}$$

式中，$\delta = H \cdot \theta_{PL}$；$\theta_{PL}$ 为结构层间位移角限值；H 为钢木混合抗侧力体系的高度。值得说明的是，在本研究中，对结构的层间位移响应函数的构造过程中，仅考虑地震作用和墙体抗侧刚度比两个参数，当需要考虑其他参数对体系层间位移的影响时，只需将其构造到 $\Delta(\cdot)$ 函数中即可。

6.5.2 响应面建立

钢木混合抗侧力体系在地震作用下的响应建立需基于结构响应数据库。在本研究中，已经通过 IDA 对 4 种构造的钢木混合抗侧力体系在不同水准地震下的结构响应进行了非线性动力时程分析，并得到了结构在这些地震输入下的层间位移峰值响应。以这些计算结果为基础，便可以得到钢木混合抗侧力体系在每一组相同地震水准的地震记录作用下的层间位移峰值响应平均值($\bar{\Delta}_{sm}$)和标准差($\sigma_{\Delta sm}$)。Möller 和 Foschi(2003)[245]指出，可采用如式(6-25)所示多项式的形式来拟合所获得的结构响应数据库。

$$\bar{\Delta}_{rs} = \sum a_{ij} S_a^i K_r^j$$
$$\sigma_{\Delta rs} = \sum b_{ij} S_a^i K_r^j \tag{6-25}$$

对非线性性质较强的结构体系，当考虑两个不确定性参数时，采用 9 个参数的 6 次多项式便可获得对结构响应面的较好拟合效果，如式(6-26)所示。

$$\bar{\Delta}_{rs} = a_1 S_a K_r + a_2 S_a K_r^2 + a_3 S_a^2 K_r + a_4 S_a^2 K_r^2 + a_5 S_a K_r^3$$
$$+ a_6 S_a^3 K_r + a_7 S_a^2 K_r^3 + a_8 S_a^3 K_r^2 + a_9 S_a^3 K_r^3 \tag{6-26a}$$

$$\sigma_{\Delta rs} = b_1 S_a K_r + b_2 S_a K_r^2 + b_3 S_a^2 K_r + b_4 S_a^2 K_r^2 + b_5 S_a K_r^3$$
$$+ b_6 S_a^3 K_r + b_7 S_a^2 K_r^3 + b_8 S_a^3 K_r^2 + b_9 S_a^3 K_r^3 \tag{6-26b}$$

式中，a_1，a_2，$\cdots$，a_9 为拟合结构层间位移峰值响应平均值的参数；b_1，b_2，$\cdots$，b_9 为拟合结构层间位移峰值响应标准差的参数。这些参数可以通过式(6-27)所示的平方差公式的最小化形式得到。

$$F_\Delta = \sum_{m=1}^{S_a} \sum_{n=1}^{K_r} (\Delta_{mn} - a_{ij} S_{an}^i K_{rm}^j)^2 \tag{6-27}$$

$$F_{\sigma\Delta} = \sum_{m=1}^{S_a} \sum_{n=1}^{K_r} (\delta_{mn} - b_{ij} S_{an}^i K_{rm}^j)^2$$

式中，Δ_{mn} 和 δ_{mn} 分别为 $K_r = m$ 的混合抗侧力体系在地震水准 $S_a = n$ 时，结构层间侧移峰值响应平均值和标准差。Δ_{mn} 和 δ_{mn} 的数值可通过前述增量动力分析得到，具体如表 6-6 所示。当计入响应面拟合误差后，式（6-25）可以写作如下形式：

$$\bar{\Delta} = \sum a_{ij} S_a^i K_r^j (1 - \varepsilon_{\bar{\Delta}}) \tag{6-28}$$

$$\sigma_\Delta = \sum b_{ij} S_a^i K_r^j (1 - \varepsilon_{\sigma_\Delta})$$

式中，$\varepsilon_{\bar{\Delta}}$ 和 $\varepsilon_{\sigma_\Delta}$ 分别为响应面拟合过程中产生的针对响应峰值平均值和标准差的误差，具体可由式（6-29）确定。

$$\varepsilon_{\bar{\Delta}}^i = \frac{\bar{\Delta}_{rs}^i - \bar{\Delta}_{sm}^i}{\bar{\Delta}_{rs}^i} \tag{6-29}$$

$$\varepsilon_{\sigma\Delta}^i = \frac{\delta_{\Delta rs}^i - \delta_{\Delta sm}^i}{\delta_{\Delta rs}^i}$$

式中，i 为抽样点序号；$\bar{\Delta}_{rs}^i$ 和 $\delta_{\Delta rs}^i$ 为在该抽样点由响应面得到的结构响应；$\bar{\Delta}_{sm}^i$ 和 $\delta_{\Delta sm}^i$ 为在该抽样点由非线性动力分析得到的结构响应。

表 6-7　结构响应统计数据

| S_a/g | 钢木混合体系抗侧刚度比 K_r | | | | | | | |
| | 0.5 | | 1.0 | | 2.5 | | 5.0 | |
	Δ/mm	δ/mm	Δ/mm	δ/mm	Δ/mm	δ/mm	Δ/mm	δ/mm
0.10	23.1	10.0	14.6	4.3	9.6	2.3	6.7	3.1
0.16	44.3	23.0	24.2	8.8	15.2	5.8	11.1	4.5
0.30	66.7	27.9	49.3	18.6	34.1	12.9	23.6	8.5
0.45	88.3	34.8	65.0	20.8	47.9	16.9	36.1	13.4
0.60	111.5	39.2	84.8	28.3	65.6	22.4	53.7	18.3
0.75	132.8	46.5	104.9	33.3	86.0	27.3	73.8	20.3

续　表

S_a/g	钢木混合体系抗侧刚度比 K_r							
	0.5		1.0		2.5		5.0	
	Δ/mm	δ/mm	Δ/mm	δ/mm	Δ/mm	δ/mm	Δ/mm	δ/mm
0.90	156.6	54.6	129.9	43.2	110.5	34.5	95.6	23.8
1.05	192.5	65.3	164.3	54.2	137.9	43.5	116.9	27.6
1.20	231.1	78.7	193.8	65.7	162.7	51.7	136.8	35.3
1.35	274.2	93.2	223.5	75.7	186.8	58.2	157.6	42.5
1.50	312.5	104.8	254.5	85.6	211.6	65.3	182.6	48.6
1.65	351.7	118.3	283.2	95.9	234.8	71.4	201.8	53.9
1.80	391.9	131.7	320.1	106.8	261.4	78.7	222.7	60.4
1.95	437.3	144.9	361.4	117.4	292.7	88.3	244.3	67.4
2.10	491.4	162.2	396.4	130.1	324.7	98.4	265.8	72.0

基于表 6-7 所示的结构响应数据汇总,可采用式(6-27)对式(6-26)中 18 个参数进行回归分析,其响应面的拟合过程以及参数 a_1, a_2, $\cdots$, a_9 以及 b_1, b_2, $\cdots$, b_9 的拟合结果如图 6-15 所示。

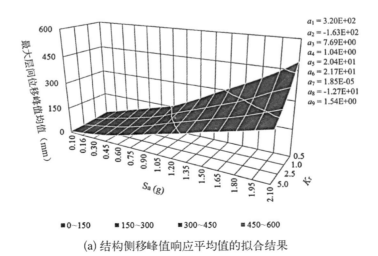

(a) 结构侧移峰值响应平均值的拟合结果

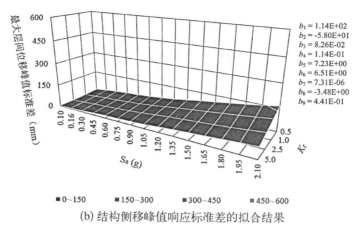

(b) 结构侧移峰值响应标准差的拟合结果

图 6‑15　基于结构响应数据库对响应面参数的拟合

6.5.3　可靠度指标和失效概率计算

当得到结构在地震作用下的层间位移峰值的响应面之后，便可采用 FORM、SORM 或蒙特卡罗模拟等方法计算结构可靠度指标。本章则采用 FORM 计算结构的可靠度指标。

考虑结构侧移峰值响应服从对数正态分布，将结构功能函数采用式（6‑30）表示，采用 FORM 计算钢木混合抗侧力体系在不同地震水准下的失效概率和可靠度指标。计算结果如表 6‑7 所示。响应面拟合误差如图 6‑16 所示。

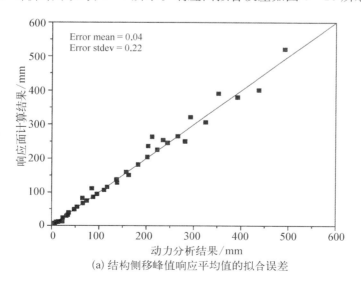

(a) 结构侧移峰值响应平均值的拟合误差

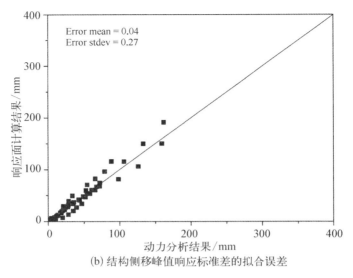

(b) 结构侧移峰值响应标准差的拟合误差

图 6-16 响应面参数拟合误差

$$G = \delta - \frac{\overline{\Delta}}{\sqrt{1 + v_\Delta^2}} \exp(R_N \sqrt{\ln(1 + v_\Delta^2)}) \qquad (6-30)$$

式中,$\overline{\Delta}$ 为由多项式拟合得到的结构层间位移峰值响应的平均值;v_Δ 为结构层间位移峰值响应的平均值的变异系数,可由 $\delta_\Delta / \overline{\Delta}$ 计算得到;R_N 为标准正态分布算子。

表 6-8 钢木混合抗侧力体系的年失效概率和
可靠度指标(由响应面法得到)

抗侧刚度比	立即居住(IO)		生命安全(LS)		防止倒塌(CP)	
	P_f	β	P_f	β	P_f	β
$K_r = 0.5$	3.344×10^{-2}	1.832	5.237×10^{-3}	2.560	1.108×10^{-3}	3.060
$K_r = 1.0$	2.071×10^{-2}	2.039	2.105×10^{-3}	2.862	5.026×10^{-4}	3.289
$K_r = 2.5$	9.616×10^{-3}	2.341	1.069×10^{-3}	3.070	4.433×10^{-4}	3.324
$K_r = 5.0$	7.381×10^{-3}	2.438	6.331×10^{-4}	3.224	3.663×10^{-4}	3.377

由表 6-8 可知,钢木混合抗侧力体系在立即居住(IO)、生命安全(LS)和防止倒塌(CP)性能水准下的可靠度指标分别为 1.832~2.438、2.560~3.224 和 3.060~3.337。通过表 6-5 和表 6-8 的对比可知,采用两种可靠度分析方法计算得到的钢木混合抗侧力体系的可靠度指标和失效概率非常接近,因此,可认

为两种方法均可对结构可靠度给出合理的估计。此外,采用响应面法得到的结构可靠度指标相对于易损性分析略低,其主要原因在于响应面法除了将地震作用作为不确定性参数之外,还考虑了将结构设计参数 K_r 和响应面拟合误差按不确定性参数考虑,从而得到了对结构可靠度指标相对略低的计算结果。

可以发现,易损性分析具有极限状态方程构造简单和结构失效概率表达直观等优点,因此,非常适于在实际结构的设计中应用;但其缺点在于易损性为一条件概率形式。因此,在计算结构失效概率和可靠度指标时,易损性分析需结合地震灾害分析应用。然而,响应面可同时在性能函数的构造中考虑多个不确定性参数,且可通过 FORM、SORM 以及蒙特卡罗模拟等直接得到结构的失效概率和可靠度指标,但其缺点在于计算较复杂,且并不能直观从图表中反映结构失效概率。因此,在实际应用中,应根据两种可靠度分析方法各自的特点,选取合适的可靠度分析手段。

6.6　钢木混合抗侧力体系基于概率的设计方法

6.6.1　现行设计方法的不足

现行结构基于构件和结构强度的设计方法,虽可以较好保证地震作用下居住者的生命安全,但不足以满足多个性能水平的结构抗震需求。如由于较大结构变形的造成房屋内大量非结构构件破坏,给房屋所有者造成了巨大的经济损失。针对这些问题,结构抗震设计从最初的静力阶段和反应谱设计阶段,发展到现今受到较多关注的基于性能的抗震设计理论。基于性能的抗震设计概念最初由美国学者在 20 世纪 90 年代初提出,与基于结构强度和结构安全为设防目标的传统抗震设计方法相比,基于性能的抗震设计方法综合考虑了多个灾害水平下的结构性能状态。随后我国相关专业的学者也对基于性能的抗震设计理论研究及其在规范中的实现展开了广泛研究,但主要范围仍集中于混凝土结构、钢结构及桥梁设计中。此外,对一些新型结构体系,在其结构性能未能通过大量试验和震后实测获得时,采用基于性能的结构分析和设计方法更加能反映这些结构体系的真实性能,以获得可靠和安全的结构设计。

现行结构设计规范中,对木结构及钢框架结构体系的设计流程如图 6 - 17 所示。可以发现,现行房屋设计方法中,水平地震作用取决于结构自振周期的经验公式。而相关研究[246]表明,经验公式对结构基本自振周期的估计偏差较大,因此,采用估计的结构自振周期进行设计无法准确得到结构在设防烈度下的水平地震作用力。基于此原因,我国《木结构设计规范》[87]和上海市工程建设规范《轻型木结构建筑技术规程》[247]规定轻型木结构房屋设计时,水平地震影响系数直接取设防烈度对应的最大值。这是现阶段不能对轻型木结构房屋自振周期进行准确估计情况下的一种设计上的处理方法。并且现行设计方法主要为保证结构在设防烈度地震下结构构件具有足够的强度。此时,结构构件通常处于弹性阶段,当结构遭遇罕遇地震时,则主要寄希望于结构的延性从而达到大震不倒的设防目标。

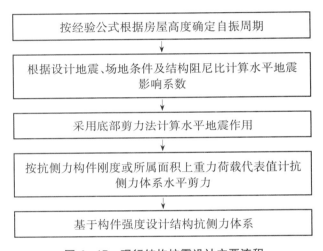

图 6 - 17　现行结构抗震设计主要流程

然而,因木结构房屋中含有成千上万个钉连接,其在地震下体现出强烈的非线性性质,造成结构弹性阶段和塑性阶段的分界并不明显。另外,木结构房屋在地震下还具有非常明显的刚度和强度退化特征,造成其周期和阻尼比随损伤累积的变化。这些问题均反映于传统基于强度的结构设计方法中。对本书提出的钢木混合抗侧力体系,其抗侧力性能综合体现出钢框架结构与轻型木结构的特点。对钢木混合抗侧力体系的结构设计,宜结合非线性动力时程分析确定结构响应,保证结构在不同地震水准下的可靠性。因此,本节针对钢木混合抗侧力体系提出了一种基于概率的结构设计方法,其允许结构设计者根据所需可靠度目标对结构进行设计。这种设计方法的提出亦是对钢木混合抗侧力体系基于性能设计理论的探讨,从而力争达到结构设计经济、合理、安全和可靠等目标。

6.6.2　结构设计性能目标

　　钢木混合结构基于概率的结构设计中,首先需确定在结构设计中考虑的性能目标。通过之前的试验研究和参数分析发现,钢木混合抗侧力体系中钢框架和木剪力墙的连接对结构体系抗侧力性能有重要影响。因此,本节除了将混合抗侧力体系的侧移作为结构设计的性能目标之外,还将钢木螺栓连接中的剪力作为另一个结构设计的性能目标。在本分析中,共考虑 3 种钢木连接中的螺栓大小,通过试验得到的其极限承载力和设计承载力如表 6 - 9 所示。对每种螺栓连接的试验结果,按极限承载力对应正态分布 95% 保证率确定其承载力设计值,以 M14 钢木螺栓连接的试验结果为例,其极限承载力拟合为正态分布结果可如图 6 - 18 所示。

表 6 - 9　钢木螺栓连接抗剪承载力

螺　栓　大　小	极限承载力平均值/kN	设计值(95%保证率)
M8	15.43	10.35
M12	30.20	20.26
M14	43.56	29.21

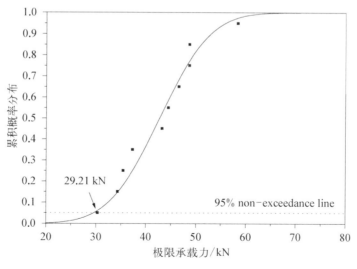

图 6 - 18　钢木螺栓连接节点的极限承载力(M14 螺栓,试件数量＝10)

　　对钢木混合抗侧力体系而言,其在地震中的表现与其承担重量有着密切关系,因此,本节将混合抗侧力体系承担重量作为结构设计控制指标。然而,值得说明的是，在该基于概率设计方法的实际应用中，亦可以按实际需求选取其他结构性能参数和设计控制指标。本节仍以图 6-4 所示的钢木混合抗侧力体系作为分析对象，分别考虑多遇地震、设防烈度地震和罕遇地震 3 个地震水准，并以6.3.2 节所述的场地条件为例，对基于概率的结构设计方法在钢木混合抗侧力体系结构设计中的应用进行说明。

在应用基于概率的钢木混合抗侧力体系的设计方法前，首先需选用不同地震水准下的地震记录对结构进行非线性数值分析，从而得到按不同结构性能目标的累积概率分布曲线。以层间位移为结构性能目标的累积概率分布曲线在前述分析中已经涉及，具体如图 6-7 至图 6-9 所示。在非线性动力时程分析中，还可以得到在钢木混合抗侧力体系中钢木螺栓连接的每条地震记录下的最大剪力值，仍可采用对数正态分布对这些数据进行拟合，继而得到不同地震水准下钢木连接螺栓剪力最大值的累积分布曲线。图 6-19 至图 6-21 给出了在小震、中震和大震 3 个地震水准下，钢木连接中的最大剪力累积概率分布曲线，同时，也将表 6-9 中所示的钢木螺栓连接设计承载力标于图中。钢木连接螺栓剪力最大值的累积分布曲线可以作为钢木间连接的设计依据。如在多遇地震下，对抗侧刚度比 K_r 为 0.5 或 1.0 的混合抗侧力体系中的钢木连接，采用 M8 大小的螺栓即可满足要求；而对于抗侧刚度比 K_r 为 2.5 或 5.0 的混合抗侧力体系中的钢木连接，则至少需采用 M12 大小的螺栓才可满足体系中钢木间剪力传递的需求。

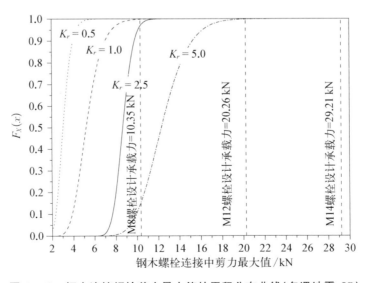

图 6-19　钢木连接螺栓剪力最大值的累积分布曲线(多遇地震,IO)

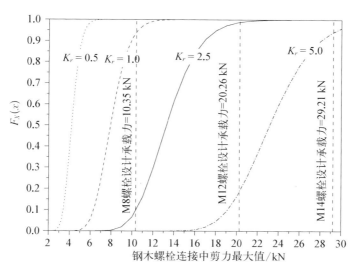

图 6‑20　钢木连接螺栓剪力最大值的累积分布曲线(设防烈度地震,LS)

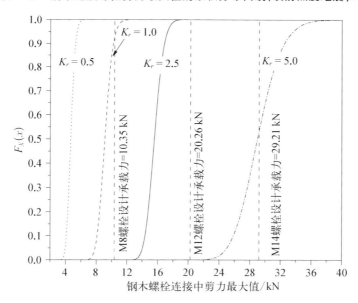

图 6‑21　钢木连接螺栓剪力最大值的累积分布曲线(罕遇地震,CP)

6.6.3　性能曲线

在本章之前进行的非线性分析中,钢木混合抗侧力体系承担的重量均为
4 500 kg/m。6.6.3 节将混合抗侧力体系承担的重量(与分配于墙体上的重力荷
载代表值大小相对应)作为结构设计控制指标,为得到结构基于概率设计的性能

曲线,还对承担重量分别为 1 500 kg/m、2 500 kg/m、3 500 kg/m、5 500 kg/m、6 500 kg/m、7 500 kg/m 和 8 500 kg/m 的钢木混合抗侧力体系进行了非线性动力分析计算。在钢木混合抗侧力体系的每一个重量等级下,均可得到一组墙体最大侧移的累积分布曲线,而当考虑一定的保证率后,便可建立如图 6-21 所示的基于概率的结构性能曲线。

基于概率的结构性能曲线可直接被用于结构设计中。6.6.3 节中以抗侧刚度比 K_r 为 2.5 的钢木混合抗侧力体系为例,介绍这些基于概率设计曲线的应用方法。当以立即使用对结构进行小震下的设计时,如选取常用的 95% 保证率,通过图中 95%(IO,63/50)曲线与 0.7% 层间位移线的交点横坐标,可以直接找到对应的承担重量值,本例为 5 300 kg/m。也就是说,对该钢木混合抗侧力体系,如需考虑 95% 保证率,并使其在小震下满足立即使用的性能目标,则其承担的重量不能超过 5 300 kg/m。同理,如需该墙体在中震下亦满足生命安全的性能目标,且仍考虑 95% 保证率,则可得其最大承担重量不能超过 4 500 kg/m。这样说来,对该特定参数的钢木混合抗侧力体系,考虑生命安全为性能目标时,必须将结构承担重量进一步从 5 300 kg/m 降低至 4 500 kg/m 以内。当然,还可按需选择不同结构保证率,对混合抗侧力体系进行设计。

图 6-22 仅给出了特定构造钢木混合抗侧力的性能曲线,当需要根据荷载

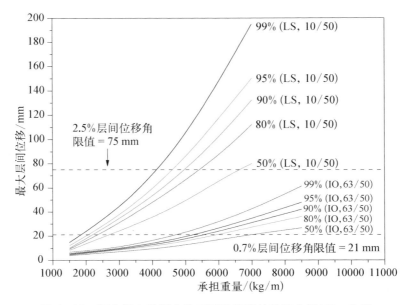

图 6-22　钢木混合抗侧力体系基于概率的性能曲线($K_r = 2.5$)

条件选择合适参数的抗侧力体系时,则需用到另一种基于特定结构保证率的性能曲线。图 6 - 23 给出了在中震下具有 95% 保证率的钢木混合抗侧力体系基于概率的性能曲线。对应于生命安全的 2.5% 层间位移角限值亦在图中标出。当结构承担重量已知时,可以采用该性能曲线选择满足结构性能需求的钢木混合抗侧力体系。当预先确定结构某一位置混合抗侧力体系的承担重量为 3 000 kg/m 时,选择抗侧刚度比 K_r 为 0.5 的混合抗侧力体系即可满足要求;然而,当预先确定其承担重量为 6 000 kg/m 时,则必须选用抗侧刚度比 K_r 为 5.0 的混合抗侧力体系才可以满足中震下生命安全的性能目标。

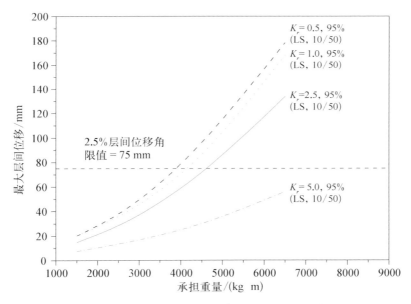

图 6 - 23　中震下考虑 95% 保证率的钢木混合抗侧力体系基于概率的性能曲线

对钢木螺栓连接中的剪力最大值,亦可建立如图 6 - 24 所示的性能曲线。如在中震下生命安全(LS)性能目标具有 95% 保证率时,在抗侧刚度比 K_r 为 5.0 的混合抗侧力体系中如采用 M12 螺栓连接,则其承担重量的最大值不能超过 5 400 kg/m,如其承担重量继续增大,则需对钢木连接采用 M14 的螺栓连接。然而,对抗侧刚度比 K_r 为 2.5 的混合抗侧力体系,当其承担重量仍为 5 400 kg/m 时,采用 M12 螺栓连接则完全可满足相应性能目标的要求。

6.6.3 节基于钢木混合抗侧力体系的累积概率分布曲线,提出了一种基于概率的结构设计方法。具体做法为将概率密度分布曲线转化为结构性能曲线,

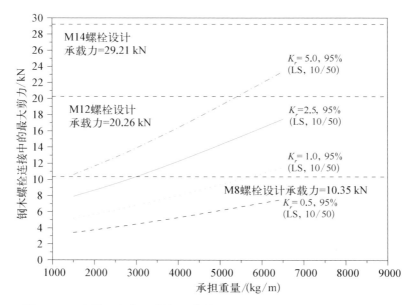

图 6‑24   中震下考虑 **95%** 保证率的钢木螺栓连接基于概率的性能曲线

从而可在结构设计中,直接按照所需结构保证率,确定结构承担重量限值或选取相应结构构造。在该方法的实际应用中,还可选取其他参数作为结构设计的目标参数,基于动力分析结果,可以建立形式各异的基于概率的设计曲线。该方法可灵活应用于设计结构重要构件或复杂节点体系中,从而实现对结构重要构部件基于概率的抗震设计。

6.7   本 章 小 结

本章的主要目的从可靠度角度对钢木混合抗侧力体系的抗震性能进行评估。首先,根据中国规范中的小震、中震和大震 3 个地震水准,结合试验结果和相关规范条文,在这些性能水准下,确定了钢木混合抗侧力体系基于侧移的结构性能目标。同时,按中国强震区考虑,选取 15 条符合场地特征的历史地震记录,进行增量动力分析。分析过程中,考虑 15 个级别的地震反应谱最大值,并采用基于反应谱调整法对地震记录进行调幅,并以此作为非线性数值分析的加速度时程输入数据。其次,采用易损性分析方法和响应面法,对钢木混合抗侧力体系的地震可靠度进行计算。在易损性分析方法中,对每一个地震水准,将从每一组地震记录分析获得的结构层间位移峰值以对数正态分布拟合得到累积概率曲线,从而可直接计算结构在特定地震水准下的失效概率;可采用易损性曲线表示结构在不同地震水准下的失效概率,并结合地震灾害分析,计算结构的失效概率和可靠度指标。在响应面法分析中,考虑地震作用和结构抗侧刚度比作为构造响应面的不确定性参数,通过含有 9 个参数的 6 次多项式对结构响应面进行拟合,并采用 FORM 计算结构的失效概率和可靠度指标。最后,本章还对钢木混合抗侧力体系基于概率的结构设计方法进行了探讨。选取抗侧力体系的侧移和钢木螺栓连接中的剪力作为结构设计的性能指标,考虑不同结构承担重量建立了钢木混合抗侧力体系基于概率的性能曲线。另外,还通过设计实例说明所建立结构性能曲线的用法。通过本章的研究主要得到了以下结论:

（1）结构在不同地震水准下性能目标的确定是可靠度分析的基础,因这些结构性能目标涉及结构破坏准则的选取,从而直接对结构的失效概率产生影响。本章采用了基于层间位移的结构性能目标,对钢木混合抗侧力体系,通过结构试验或数值模拟结果,可较直观地建立起层间位移与结构整体破坏状态的关系。

（2）结合 ASCE41‐13 规范和中国《建筑抗震设计规范》,对小震、中震和大震 3 个地震水准下分别规定了立即入住、生命安全和防止倒塌的结构性能目标。同时,以这 3 个性能目标为基础,基于规范条文,结合试验结果确定了钢木混合抗侧力体系在 3 个地震水准下的层间位移角限值。

（3）选取 15 条强震区地震记录,采用本书建立的钢木混合抗侧力体系数值模型,通过增量动力分析计算了 4 种不同构造钢木混合抗侧力体系的结构响应,建立了结构响应数据库。

（4）采用易损性分析（fragility analysis）方法计算了结构的可靠度指标的失效概率,可以发现,易损性分析具有极限状态方程构造简单和结构失效概率表达直观等优点,因此,非常适于在实际结构的设计中应用;但其缺点在于易损性为一条件概率形式,在计算结构失效概率和可靠度指标时,易损性分析需结合地震灾害分析进行。

（5）本章还采用响应面法（response surface method）对钢木混合抗侧力体系的可靠度进行了评估。在响应面法极限状态方程的构造中,除地震作用的不确定性外,还考虑了结构设计参数的不确定性,并通过多项式拟合结构增量动力分析计算结果,另外,采用 FORM 计算结构失效概率和可靠度指标。可同时在结构性能函数的构造中,考虑多个不确定性参数是响应面法相对于易损性分析的优点之一,但其缺点在于计算较复杂,且不能直观从图表中反映结构的失效概率。

（6）通过易损性分析和响应面法计算结果的对比发现，两者对钢木混合抗侧力体系失效概率和可靠度指标的估计非常接近，因此，可认为两种方法均可对结构可靠度给出合理的估计。此外，采用响应面法得到的结构可靠度指标相对于易损性分析略低，其主要原因在于响应面法除了将地震作用作为不确定性参数之外，还将结构设计参数 K_r 和响应面拟合误差按不确定性参数考虑，从而得到了对结构失效概率略高的计算结果。两种可靠度分析方法各具优点，应结合实际情况应用。

（7）基于钢木混合抗侧力体系的累积概率分布曲线，提出了其基于概率的结构设计方法。具体做法为将累积概率分布曲线转化为结构性能曲线，从而可在结构设计中，直接按照所需结构保证率，确定结构承担重量限值或选取相应结构构造。在该方法的实际应用中，还可以选取其他参数作为结构设计目标参数，基于动力分析结果，可以建立形式各异的结构基于概率设计曲线，从而实现对结构重要构部件基于概率的抗震设计。

第7章
结论与展望

7.1 主要研究内容及结论

木结构建筑具有良好的抗震性能,且木材自然生长,具有天然环保的属性,是绿色建筑的首选建筑材料。然而,在欧美国家广泛应用的轻型木结构,由于其自身结构体系的特点,在建筑体量和高度上都有一定限制。钢结构具有轻质高强、资源可重复利用、工业化生产程度高、绿色施工等特点,鉴于此,本书提出了一种钢木混合结构体系。为充分发挥钢材和木材的各自优点,该结构采用了一种由钢框架和轻型木剪力墙组合而成的钢木混合抗侧力体系。轻型木剪力墙被填充在钢框架中,与钢框架一同抵抗地震、风等对结构的侧向作用。本书主要通过结构试验、数值模拟和可靠度分析等手段,对钢木混合抗侧力体系的抗侧力性能进行了研究。

7.1.1 钢木混合结构抗侧力性能试验研究

(1) 通过对两个足尺钢木混合结构模型的往复加载试验研究表明,钢木混合结构竖向抗侧力体系的破坏始于轻型木剪力墙的面板钉连接,主要破坏模式有钉子被剪断、钉子拔出墙骨柱以及钉头陷入覆面板等。继而钢构件屈服,钢梁柱连接节点破坏。由于钢木之间采用足够的螺栓连接,未发现在单独木剪力墙试验中常见的墙骨柱上拔等破坏模式。

(2) 轻型木剪力墙被填充在钢框架中,其对钢框架的初始抗侧刚度有很大提高作用。整个抗侧力体系具有较好的延性。然而,钢木混合抗侧力体系在往复荷载作用下仍具有强度和刚度退化现象,其等效阻尼系数随结构中的损伤累积而不断增加。

（3）在钢木混合抗侧力体系中，钢框架和木剪力墙协同工作，共同抵抗结构的侧向荷载。在试验中分别测得了同一时刻混合体系中钢框和木剪力墙所承担的剪力，并以此为依据，对两者的协同工作性能进行了研究。研究结果显示，在结构承担侧向荷载的初始阶段，木剪力墙相对钢框架体现出了较大的抗侧刚度，因此亦承担了混合体系中的大部分剪力；然而，随着试件层间位移的增大，木剪力墙体现出明显的刚度和强度退化特性，其在混合体系中承担的剪力比例逐渐减小。通过试验结果，亦可得到钢框架和木剪力墙对体系的耗能贡献。加载初期，混合体系的耗能主要体现在木剪力墙上，当木剪力墙进入塑性阶段后，钢框架在此时承担了大部分剪力，并耗散了混合体系的大部分能量。

7.1.2　钢木混合结构数值模型开发

（1）在钢木混合结构中，因木剪力墙钉连接在侧向力下具有明显的强度、刚度退化和捏缩特性，在通用有限元软件中，并没有合适的单元可用来模拟木剪力墙的抗侧力性能。因此，本书基于通用有限元软件 ABAQUS 中的特殊单元子程序接口，将 HYST 算法应用于特殊单元子程序的代码编制，开发了自定义非线性弹簧单元，以模拟木剪力墙中钉连接节点的性能。

（2）因轻型木剪力墙中常包含成百上千个钉连接，如对剪力墙进行细部有限元建模，常会存在侧移较大情况下因非线性单元过多而导致计算过慢，甚至迭代不收敛等问题。因此，本书将开发的特殊单元子程序中 HYST 算法的相关参数按木剪力墙整体滞回性能回归，从而达到了采用一对对角弹簧模拟整面木剪力墙抗侧力性能的目的。

（3）在 ABAQUS 中建立了钢木混合结构数值模型，其中木剪力墙以本书中开发的自定义非线性弹簧单元模拟，钢框架则采用壳单元模拟。经过数值模拟结果与试验结果的对比可知，编制的自定义单元可较好模拟钢木混合抗侧力体系中木剪力墙的抗侧力性能，且数值计算结果与试验结果吻合较好，特殊单元子程序与 ABAQUS 结合稳定，计算收敛性好。

7.1.3　钢木混合抗侧力体系参数分析

（1）采用在 ABAQUS 中开发的数值模型，对形式各异的钢木混合抗侧力体系进行了数值模拟。考察了内填木剪力墙与钢框架刚度比、钢梁柱连接节点刚度、钢木螺栓连接间距等对混合体系抗侧承载力和刚度的影响；讨论了这些参数下，钢框架和木剪力墙的协同工作性能。计算结果显示，钢木混合抗侧力体系随层间位移角的增大表现出明显的刚度退化特性,其侧向刚度基于层间位移角的变化可以划分为 3 个阶段:第一阶段,当墙体层间位移角很小时,绝大多数结构构件处于线弹性状态,空框架由于木剪力墙的填充作用而具有很高的初始抗侧刚度;第二阶段,钢木混合墙体的抗侧刚度下降到一相对稳定的水平,钢框架仍处于线弹性状态,由于剪力墙中的破坏累积加剧,钢木混合抗侧力体系的抗侧刚度主要由钢框架的抗侧刚度决定;第三阶段,钢木混合抗侧力体系的刚度继续下降,塑性区域也在钢框架构件中不断发展,然而,木剪力墙在该阶段还可为混合体系耗散大量能量,从而提高结构延性。

(2)当采用更强的内填木剪力墙时,钢木混合抗侧力体系的抗侧承载力和刚度具有明显提高;同时,木剪力墙在混合体系中承担的剪力比率和耗能比率也有所提高。为了让木剪力墙在混合体系中充分发挥结构作用,建议使木剪力墙和钢框架的相对抗侧刚度比 K_r 不小于 0.5。

(3)在钢木混合抗侧力体系中,钢木间的剪力通过钢框架和木剪力墙的螺栓连接节点传递。因此,本书对不同钢木间螺栓的布置方案进行了研究,研究结构显示,为使内填木剪力墙的结构作用充分发挥,应在结构设计中保证其和钢框架间的连接具有足够的强度和刚度,并使钢木连接的设计抗剪总承载力大于混合体系中木剪力墙的极限抗侧承载力。

7.1.4　钢木混合抗侧力体系地震可靠度研究

(1)结合相关规范,对小震、中震和大震 3 个地震水准下分别规定了立即入住、生命安全和防止倒塌的结构性能水准。同时,以这 3 个性能水准为基础,结合试验结果,确定了钢木混合抗侧力体系在这 3 个地震水准下基于层间位移的结构性能目标。

(2)按中国强震区考虑,选取 15 条符合场地特征的历史地震记录,考虑 15 个地震等级进行增量动力分析。继而采用易损性分析方法和响应面法,对钢木混合抗侧力体系的地震可靠度进行计算。通过易损性分析和响应面法计算结果的对比发现,两者对钢木混合抗侧力体系失效概率和可靠度指标的估计非常接近。易损性分析具有极限状态方程构造简单和结构失效概率表达直观等优点,因此,非常适于在实际结构的设计中应用;但其缺点在于易损性为一条件概率形式,需结合地震灾害分析确定结构失效概率。然而,可同时在结构性能函数的构造中,考虑多个不确定性参数是响应面法相对于易损性分析的优点之一,但其缺点在于计算较复杂,且并不能直观从图表中反映结构的失效概率。因此,两种可靠度分析方法各具有点,应结合实际情况灵活应用。

（3）基于钢木混合抗侧力体系的累积概率分布曲线,提出了其基于概率的结构设计方法。通过累积概率分布曲线转化得到的结构性能曲线具有直观易懂等优点,非常便于使用。当然,在实际应用中,还可以选取其他参数作为结构设计目标,并建立形式各异的基于概率设计曲线。该方法参数组合灵活,可被应用结构重要构部件基于概率的抗震设计中。

7.2 展　　望

钢木混合结构具有绿色环保、结构重量轻、延性好和可预制装配等特点,不失为我国多层建筑体系的一种选择。结合所做的部分研究和作者本身的认识范围,本书认为后续针对钢木混合结构及其抗侧力体系的相关研究可从如下几个方面开展:

（1）钢木混合抗侧力体系构成

通过本书的研究发现,钢木混合抗侧力体系中的轻型木剪力墙先于钢框架破坏。因此,在层间位移角较大时或混合结构抗侧力体系濒临破坏时,木剪力墙对混合体系结构性能的提高有限。因此,本书认为可尝试采用其他内填木剪力墙形式的混合抗侧力体系。现今美国学者提出的 Mid-ply 木剪力墙,该木剪力墙由两层墙骨柱三层覆面板组成,这样一来,在对墙体重量提高不多的情况下,可大大提高木剪力墙的抗侧力性能。

（2）钢、木协同工作性能

钢木混合结构中,钢框架和木剪力墙协同工作,共同承担结构的侧向荷载。本书发现由于木剪力墙对钢框架的填充作用,为钢构件提供了一定程度的支撑效应,加之木剪力墙亦承担一部分竖向荷载,这都有利于减少钢构件的偏心受力情况。因此,本书认为还可在内填木剪力墙对钢构件结构受力性能的影响等方面做进一步研究。另外,在今后的研究中可对钢木连接节点进行改进,如采用套筒螺栓或碳纤维加固等措施增强钢木螺栓连接节点的承载能力和延性,亦可在节点中加入一些特殊设计的耗能机构,这些均是对提高整个混合体系抗侧力性能非常有益且值得尝试的工作。

（3）钢木混合结构整体动力性能和可靠度分析

木结构在地震作用下具有明显的损伤累积特性,特别是采用大量金属连接件的木剪力墙，其在地震作用下，刚度、强度退化明显。在地震中，钢木混合结构的自振周期逐渐变大，阻尼比亦呈逐渐上升趋势。因此，除了本书进行的单层结构往复加载试验外，还可通过振动台试验等，研究多层钢木混合结构在地震下的结构响应，以及其周期和阻尼比随结构损伤累积的变化规律；同时，研究整体结构中钢木混合抗侧力体系的系统效应；考察抗侧力体系由弹性阶段、极限状态直至濒临破坏的全过程中，侧向力在钢框架和木剪力墙中的分配规律，从而全面研究结构中钢、木体系的协同工作性能。同时，基于本书提出的钢木混合结构数值模型，可考虑更多地震工程中存在的不确定性，计算结构可靠度指标。进行可靠度参数敏感性分析，研究各种不确定性对钢木混合结构地震可靠度的影响。本书在地震可靠度分析方面，仅对单面墙体进行了非线性增量动力分析，因此，在今后的研究中需要考虑钢木混合抗侧力体系的系统效应，对整体结构进行分析，从而反映混合结构在地震作用下的响应情况。此外，还可对不同性能目标下结构的经济性进行研究，从而为提出多层钢木混合结构经济且易用的结构设计流程奠定理论基础。

（4）结构抗火性能研究

针对木结构建筑的防火问题，国外已经做过较多相关研究，且也已经基本达成"木结构建筑如做好相应防护，其耐火性能完全能满足一般民用建筑之需求"的共识。时至今日，诸多多层以至高层木结构建筑已经在欧美国家建成，其结构防火方面的相关技术是值得我国借鉴的。因此，今后亦可针对钢木混合结构的抗火性能进行研究，可结合可靠度分析甚至试验等手段，对钢木混合结构体系的抗火性能进行评估。

参考文献

［1］　仇保兴. 我国绿色建筑发展和建筑节能的形势与任务［J］. 城市发展研究,2012,19(5)：
1－7,11.

［2］　李爱民,于立谢,鹏飞. 绿色建筑：让城市生活更低碳、更美好——第七届国际绿色建
筑与建筑节能大会综述［J］. 城市发展研究,2012,18(7)：7－12.

［3］　田慧峰,张欢,孙大明. 中国大陆绿色建筑发展现状及前景［J］. 建筑科学,2012,28(4)：
1－7,68.

［4］　卜增文,孙大明,林波荣. 实践与创新：中国绿色建筑发展综述［J］. 暖通空调,2012,
42(10)：1－8.

［5］　马维娜,梅洪元,俞天琦. 我国绿色建筑技术现状与发展策略［J］. 建筑技术,2010,
41(7)：641－644.

［6］　何敏娟,Lam F,杨军,等. 木结构设计［M］. 北京：中国建筑工业出版社,2008.

［7］　杨子江. 木结构——绿色节能建筑结构［J］. 房材与应用,2005,33(3)：50－52.

［8］　清华大学,西南交通大学,北京交通大学土木工程结构专家组. 汶川地震建筑震害分析
［J］. 建筑结构学报,2008,29(4)：1－9.

［9］　徐珂. 对汶川地震中几种震害的认识［J］. 工程抗震与加固改造,2008,30(6)：19－23.

［10］　赵统,张新培,田志鹏. 汶川地震中小学砖木结构教学楼震害特征分析［J］. 建筑技术,
2009,40(9)：819－821.

［11］　刘雁,周定国. 国外木结构建筑的抗震性能研究［J］. 世界林业研究,2005,18(2)：
66－69.

［12］　Sven T,Larsen H J. Timber engineering［M］. John Wiley & Sons,2003.

［13］　Rainer J H,Karacabeyli E. Performance of wood-frame building construction in
earthquake［M］. Forintek Canada Corp. ,1999.

［14］　陈启仁,张纹韶. 认识现代木建筑［M］. 天津：天津大学出版社,2005.

［15］　马炳坚. 中国古建筑木作营造技术［M］. 北京：科学出版社,2003.

［16］　郝春荣. 从中西木结构建筑发展看中国木结构建筑的前景［D］. 北京：清华大学,2004.

[17] 何敏娟,周楠楠,孙永良.都江堰向峨小学轻型木结构设计与施工[J].施工技术,2010, 39(3):88-92.

[18] 康加华,熊海贝,何敏娟.都江堰向峨小学木结构校舍结构设计简介[J].结构工程师, 2010,26(3):7-12.

[19] 周海宾,费本华,任海青.世界木结构房屋研究的最新进展[J].木材工业,2006, 20(4):1-4.

[20] 何敏娟,Lam F.北美轻型木结构住宅建筑的特点[J].结构工程师,2004,(1):1-5.

[21] 加拿大木业协会.中国轻型木结构房屋建筑施工指南[Z].[出版地不详],2007.

[22] 刘雁,张建新,周宝国,等.现代木结构建筑及其在中国的发展前景初探[J].江苏建筑, 2005,(3):5-10.

[23] Schluder M M, Krabbe P M. The research project 8+ results and visions[C]. Proceedings of the International Syposium on Timber Strcutures, Turkey, 2009.

[24] Meleki H, Asiz A, Smith I, et al. Differential movements in a timber multi-storey hybrid building[J]. Procedia Engineering, 2011, (14):1613-1620.

[25] Koshihara M, Isoda H, Yusa S. The design and installation of a five-story new timber building in Japan [C]//Proceedings of the International Syposium on Timber Strcutures, Turkey, 2009.

[26] 刘伟庆,杨会峰.工程木梁的受弯性能试验研究[J].建筑结构学报,2009,30(1): 90-95.

[27] 杨会峰,刘伟庆.FRP增强胶合木梁的受弯性能研究[J].建筑结构学报,2007,28(1): 64-71.

[28] 邵劲松,刘伟庆,蒋桐,等.FRP加固轴心受压木柱应力-应变模型[J].工程力学,2008, 25(2):183-187.

[29] 谢启芳,赵鸿铁,薛建阳,等.中国古建筑木结构榫卯节点加固的试验研究[J].土木工 程学报,2008,41(1):28-34.

[30] 谢启芳,赵鸿铁,薛建阳,等.CFRP布加固木梁界面粘结应力的试验研究和理论分析 [J].工程力学,2008,25(7):229-234,240.

[31] 张晋,王亚超,许清风,等.基于无损检测的超役黄杉和杉木构件的剩余强度分析[J]. 中南大学学报(自然科学版),2011,42(12):3864-3870.

[32] 祝恩淳,陈志勇,潘景龙.覆面板钉连接的承载性能试验研究[J].同济大学学报(自然 科学版),2011,39(9):1280-1285.

[33] 陈松来,陈志勇,樊承谋,等.木结构剪力墙中钉连接的实验研究[J].中山大学学报(自 然科学版),2008,47(4):133-138.

[34] 何敏娟,李征.不同面板钉木剪力墙抗侧承载力试验[J].建筑科学与工程学报,2011, 28(1):1-5.

[35] 何敏娟,何桂荣,倪俊.轻木结构正交主轴齿板连接承载力试验及分析[J].同济大学学报(自然科学版),2009,37(1):1581-1585.

[36] 何桂荣,何敏娟,倪俊.国产正交主轴齿板连接节点各项承载力性能研究[J].力学季刊,2010,31(2):282-287.

[37] 何敏娟,孙永良.齿板连接节点试验及承载能力分析[J].特种结构,2008,25(1):1-5.

[38] 孙永良.轻型木结构齿板连接节点承载力研究[D].上海:同济大学,2007.

[39] 何桂荣.轻型木结构齿板连接的承载力能力研究[D].上海:同济大学,2009.

[40] 许斯明.轻型木结构挂钩件连接节点承载能力研究[D].上海:同济大学,2009.

[41] 周露.轻型木结构挂钩件连接节点承载能力研究[D].上海:同济大学,2012.

[42] Song X, Lam F, Huang H, et al. Stability capacity of metal plate connected wood truss assemblies[J]. Journal of Structural Engineering, ASCE, 2010, 136(6): 723-730.

[43] 黄浩.轻型木桁架体系三维数值模拟及系统效应研究[D].上海:同济大学土木工程学院,2010.

[44] 许晓梁,马人乐,何敏娟.轻型木桁架静力试验及承载能力分析[J].特种结构,2006,23(1):1-4.

[45] 许晓梁.轻型木桁架承载力能力研究[D].上海:同济大学,2006.

[46] 陆伟东,居兴鹏,邓大利.村镇典型木结构榫卯及木构架抗震性能试验研究[J].工程抗震与加固改造,2012,34(3):82-85.

[47] 祝恩淳,陈志勇,陈永康,等.轻型木结构剪力墙抗侧力性能试验与有限元分析[J].哈尔滨工业大学学报,2010,42(10):1548-1554.

[48] 何敏娟,周楠楠.不同覆面材料木剪力墙抗侧性能试验研究[J].同济大学学报(自然科学版),2011,39(3):340-345.

[49] 刘雁,Ni C,卢文胜,等.不同上部刚度对木框架剪力墙受力性能影响的试验研究[J].土木工程学报,2008,41(11):63-70.

[50] 谢启芳,吕西林,熊海贝.轻型定向秸秆板——榫卯连接木骨架剪力墙抗震性能试验研究[J].地震工程与工程振动,2012,32(3):159-165.

[51] 谢启芳,吕西林,熊海贝.轻型木结构房屋的结构特点与改进[J].建筑结构学报(增刊),2010,350-354.

[52] Xie Q, Xiong H, Lu X. Study on seismic performance of light wall modular composed of oriented structural straw board and tennon-and-mortise connection frame[J]. Advanced Materials Research, 2011, 250-253(2011): 1305-1310.

[53] Xie Q, Xiong H, Lu X. Experimental study on shear behavior of light wall composed of oriented structural straw board and tennon-and-mortise connection frame[J]. Advanced Materials Research, 2011, 163-167(2011): 2234-2239.

[54] 周海宾,江泽慧,费本华,等.实木锯材搁栅楼盖振动控制设计方法研究[J].重庆建筑大学学报,2008,30(3):49-52.

[55] 周海宾,江泽慧,费本华,等.木桁架搁栅楼盖振动性能研究[J].重庆建筑大学学报,2008,30(4):109-113.

[56] 周海宾,江泽慧,费本华,等.木结构房屋中木楼板的振动及其适用性设计[J].林业科学,2008,44(4):143-147.

[57] 赵鸿铁,张风亮,薛建阳,等.古建筑木结构的结构性能研究综述[J].建筑结构学报,2012,33(8):28-34.

[58] 隋龑,赵鸿铁,薛建阳,等.古代殿堂式木结构建筑模型振动台试验研究[J].建筑结构学报,2010,31(2):28-34.

[59] 吕西林,程海江,卢文胜,等.两层轻型木结构足尺房屋模型模拟地震振动台试验研究[J].土木工程学报,2007,40(10):41-49.

[60] 何敏娟,周楠楠,熊海贝,等.灾后重建轻型木结构小学整体抗震性能研究[M].汶川地震震害研究.上海:同济大学出版社,2011.

[61] 李昌春,刘伟庆,欧谨,等.梁柱式木结构框架抗震性能试验研究[J].江苏建筑,2010,(3):61-63.

[62] 陈国,单波,肖岩.轻型竹结构房屋抗震性能的试验研究[J].振动与冲击,2011,30(10):136-142.

[63] 熊海贝,Ni C,吕西林,等.三层轻木-混凝土混合结构足尺寸模型模拟地震振动台试验研究[J].地震工程与工程振动,2008,28(1):91-98.

[64] 李硕,何敏娟,郭苏夷,等.混凝土与木混合结构中木楼盖计算模型[J].同济大学学报(自然科学版),2010,38(10):1414-1420.

[65] Li Z, He M. Analysis of racking performance of steel-timber hybrid lateral resistant system[C]//Proceedings of the 52nd annual symposium of IASS, London, UK, 2011: 78.

[66] Ellis B R, Bougard A J. Dynamic testing and stiffness evaluation of a six-storey timber framed building during construction[J]. Engineering Structures, 2001, 23(10): 1232-1242.

[67] Mettem C J, Bainbridge R J, Pitts G C, et al. Timber frame construction for medium-rise buildings[J]. Progress in Structural Engineering and Materials, 1998, 1(3): 253-262.

[68] Adam S. Multi-level wood-framed structures: requirements for building beyond four storeys: a scoping review[R]. 2008.

[69] Sakamoto I, Kawai N, Okada H, et al. Final report of a research and development project on timber-based hybrid building structures[C]//Proceedings of 8th World Conference on Timber Engineering, Finland, 2004.

[70] Yamaguchi M, Kawai N, Murakami T. Constructions and researches after the project of developing hybrid timber buildings[C]//Proceedings of 8th World Conference on Timber Engineering, Finland, 2004.

[71] Buchanan A, Dean B, Fragiacomo M, et al. Multi-storey prestressed timber buildings in New Zealand[J]. Structural Engineering International. 2008, 18(2): 166 - 173.

[72] Palermo A, Pampanin S, Fragiacomo M, et al. Innovative seismic solutions for multi-storey LVL timber buildings[C]//Proceedings of 9th World Conference on Timber Engineering, USA, 2006.

[73] Pampanin S. Emerging solutions for high seismic performance of recast/prestressed concrete buildings[J]. Journal of Advanced Concrete Technology, 2005, 3(2): 207 - 223.

[74] van de Lindt J W, Pei S, Liu H. Performance-based seismic design of wood frame buildings using a probabilistic system identification concept[J]. Journal of Structural Engineering, ASCE, 2008, 134(2): 240 - 247.

[75] van de Lindt J W, Pryor S E, Pei S. Shake table testing of a full-scale seven-story steel-wood apartment building[J]. Engineering Structures, 2011, 33(3): 757 - 766.

[76] Pang W, Rosowsky D, Pei S, et al. Simplified direct displacement design of six-story wood frame building and pretest seismic performance assessment[J]. Journal of Structural Engineering, ASCE, 2010, 136(7): 813 - 825.

[77] Ceccotti A. New technologies for construction of medium-rise buildings in seismic regions: The XLAM case[J]. Structural Engineering International, 2008, 18(2): 156 - 165.

[78] Weckendorf J, Smith I. Multi-functional interface concept for high-rise hybrid building systems with structural timber[C]//Proceedings of 12th World Conference on Timber Engineering, New Zealand, 2012.

[79] Blaylock J, Bartlett M. Niche areas for mid-rise light-frame wood-concrete hybrid construction, Proceedings of the CSCE[C]//General Conference, Canada, 2011.

[80] Dickof C, Stiemer S F, Tesfamariam S. Wood-steel hybrid seismic force resisting systems: seismic ductility[C]//Proceedings of 12th World Conference on Timber Engineering, New Zealand, 2012.

[81] Zhou L, Chen Z, Chui Y H, et al. Seismic performance of mid-rise light wood frame structure connected with reinforced masonry core[C]//Proceedings of 12th World Conference on Timber Engineering, New Zealand, 2012.

[82] van de Kuilen J W G, Ceccotti A, Xia Z, et al. Wood-concrete skyscrapers[C]//Proceedings of 11th World Conference on Timber Engineering, Italy, 2010.

［83］ Michael Charters. Big Wood［EB/OL］. 2013. http：//www. michaelryancharters. com/.

［84］ 中华人民共和国国家质量监督检验检疫总局. GB/T 228－2002 金属材料室温拉伸试验方法［S］. 北京：中国标准出版社，2002.

［85］ 中华人民共和国林业部. GB/T 17657－1999 人造板及饰面人造板理化性能试验方法［S］. 北京：中国标准出版社，1999.

［86］ 全国人造板标准化技术委员会. LY/T 1580－2010 定向刨花板［S］. 北京：中国标准出版社，2010.

［87］ 中华人民共和国国家标准. 木结构设计规范（GB 50005－2003）［S］. 北京：中国建筑工业出版社，2003.

［88］ American Society for Testing and Materials. ASTM F1575－03，Standard test method for determining bending yield moment of nail［S］. Pennsylvania，USA：ASTM International，2003.

［89］ Leichti R，Anderson E，Sutt Jr E，et al. Sheathing nail bending-yield strength-role in shearwalls performance［C］//Proceedings of 9th World Conference on Timber Engineering，USA，2006.

［90］ American Society for Testing and Materials，ASTM F1667. Standard specification for driven fasteners：nails，spikes，and staples［S］. Pennsylvania，USA：ASTM International，2003.

［91］ 周楠楠. 强震区轻型木结构房屋抗震性能研究［D］. 上海：同济大学，2010.

［92］ Stewart W G. The seismic design of plywood sheathed shear wall［D］. New Zealand：Department of Civil Engineering，University of Canterbury，1987.

［93］ Ehlbeck J. Nailed joints in wood structures［R］. VPI&SU，Wood Research and Construction Laboratory，Virginia Polytechnic Institute and State University，Blacksburg，Virginia，1979.

［94］ Antonides C E，Vanderbilt M D，Goodman J R. Interlayer gap effect on nailed joint stiffness［J］. Wood Science，1980，13（1）：41－46.

［95］ Brock G R. The strength of nailed timber joints［R］. Forest Product Research Bulletin，No. 41，Department of Scientific and Industrial Research，London，England，1957.

［96］ Leach K E. A survey of literature on the lateral resistance of nails［C］. Canadian Department of Forestry，Publication No. 1085，Ottawa，Ontario，1964.

［97］ Mack J J. The strength of nailed timber joints［C］. CSIRO，Australia Division of Forest Products，Technical Paper No. 9，Melbourne，Australia，1960.

［98］ Mack J J. Repetitive loading of nailed timber joints［C］. CSIRO，Australia Division of Forest Products，Technical Paper No. 10，Melbourne，Australia，1960.

[99] Mack J J. The strength of nailed timber joints[C]. Radiate pine. CSIRO, Australia Division of Forest Products, Technical Paper No, 21, Melbourne, Australia, 1962.

[100] Winistorfer S G, Soltis L A. Lateral and withdrawal strength of nail connections for manufactured housing[J]. Journal of Structural Engineering, ASCE, 1994, 120(12): 3577 - 3594.

[101] Mohammad M A H, Smith I. Stiffness of nailed OSB-to-lumber connections[J]. Forest Products Journal, 1994, 44(11/12): 37 - 44.

[102] Mohammed M A H, Smith I. Effects of multi-phase moisture conditioning on stiffness of nailed OSB-to-lumber connections[J]. Forest Products Journal, 1996, 46(4): 76 - 83.

[103] Dolan J D, Madsen B. Monotonic and cyclic nail connection tests[J]. Canadian Journal of Civil Engineering, 1992, (19): 415 - 422.

[104] Ni C, Chui Y H. Response of nailed wood joints to dynamic loads[C]//Proceedings of 1994 Pacific Timber Engineering Conference, Queensland University of Technology, Australia, 1994, (2): 9 - 18.

[105] Fonseca F S, Rose S K, Campbell S H. nail, wood screw, and staple fastener connections[R]. CUREE Publication No. W - 16, 2002.

[106] Polensek A, Bastendorff K J. Damping in nailed joints of light-frame wood buildings [J]. Wood and Fiber Science, 1987, 19(2): 110 - 125.

[107] Malhotra S K, Thomas B. Behaviour of nailed timber joints with interface characteristics[J]. Wood Science, 1982, 15(2): 161 - 171.

[108] 程海江. 轻型木结构抗震性能研究[D]. 上海: 同济大学, 2007.

[109] 陈志勇, 祝恩淳, 潘景龙. 轻型木结构中覆面板钉连接承载性能试验研究[J]. 土木建筑与环境工程, 2010, 32(6): 47 - 54.

[110] Atherton G H, Rowe K E, Bastendorff K M. Damping and slip of nailed joints[J]. Wood Science, 1980, 12(4): 218 - 226.

[111] Soltis L A, Mtenga P V A. Strength of nailed wood joints subjected to dynamic load [J]. Forest Products Journal, 1985, 35(11/12): 14 - 18.

[112] Girhammar U A, Andersson H. Effect of loading rate on nailed timber joint capacity [J]. Journal of Structural Engineering, ASCE, 1988, 114(11): 2439 - 2456.

[113] American Society for Testing and Materials. ASTM D1761 - 88, Standard test methods for mechanical fasteners in wood [S]. Pennsylvania, USA: ASTM international, 2000.

[114] Johansen K W. Theory of timber connections[C]. International Association of Bridge and Structural Engineering, IABSE, 1949, 9: 249 - 262.

[115] Daudeville L，Davenne L，Yasumura M. Prediction of the load carrying capacity of bolted timber joints[J]. Wood Science and Technology，1999，33：15 - 29.

[116] Sawata K，Yasumura M. Estimation of yield and ultimate strengths of bolted timber joints by nonlinear analysis and yield theory[J]. The Japan Wood Research society，2003，49：383 - 391.

[117] Schreyer A，Lam F，Prion H. Comparison of slender dowel-type fasteners for slotted-in steel plate connections under monotonic and cyclic loading[C]//Proceedings of 8th World Conference on Timber Engineering，Finland，2004.

[118] Santos C，De Jesus A，Morais J，et al. Quasi-static mechanical behaviour of a double-shear single dowel wood connection[J]. Construction and Building Materials，2009，23(1)：171 - 182.

[119] Dorn M，Borst K，Eberhardsteiner J. Experiments on dowel-type timber connections[J]. Engineering Structures，2010，47(2)：67 - 80.

[120] Racher P，Bocquet J. Nonlinear analysis of dowelled timber connections：a new approach for embedding modeling[J]. Electronic Journal of Structural Engineering，2005，5：1 - 9.

[121] Oudjene M，Khelifa M. Elasto-plastic constitutive law for wood behaviour under compressive loadings[J]. Construction and Building Materials，2009，23(11)：3359 - 3366.

[122] Xu B，Taazount M，Boucha A，et al. Numerical 3D finite element modelling and experimental tests for dowel-type timber joints[J]. Construction and Building Materials，2009，23(9)：3043 - 3052.

[123] Xu B，Boucha A，Taazount M，et al. Numerical and experimental analyses of multiple-dowel steel-to-timber joints intension perpendicular to grain[J]. Engineering Structures，2010，31(10)：2357 - 2367.

[124] Rodd D，Leijten A. High-performance dowel-type joints for timber structures[J]. Progress in Structural Engineering and Materials，2003，5：77 - 89.

[125] Davis T，Claisse P. Resin-injected dowel joints in glulam and structural timber composites[J]. Construction and Building Materials，2001，15(4)：157 - 167.

[126] Claisse P，Davis T. High performance jointing systems for timber[J]. Construction and Building Materials，1998，12(8)：415 - 425.

[127] Haller P，Birk T，Offermann P，et al. Fully fashioned biaxial weft knitted and stitch bonded textile reinforcements for wood connections[J]. Composites-Part B，2006，37(4 - 5)：278 - 285.

[128] Santos C，Jesus A，Morais J，et al. An experimental comparison of strengthening

solutions for dowel-type wood connections[J]. Construction and Building Materials, 2013, 46: 114 - 127.

[129] Price E W, Gromala D S. Racking strength of walls sheathed with structural flake boards made from southern species[J]. Forest Products Journal, 1980, 30(12): 19 - 23.

[130] Patton-Mallory M, Mcutcheon W J. Predicting racking performance of walls sheathed on both sides[J]. Forest Products Journal. 1987, 37(9): 32 - 37.

[131] De Klerk D. The effect of stud spacing on the racking strength of timber frame walls [R]. CSIR Special Report Hont 405. National Timber Research Institute, Counsel for Scientific and Industrial Research, Pretoria, South Africa, 1985.

[132] Nelson E L, Wheat D L, Fowler D W. Structural behavior of wood shear wall assemblies[J]. Journal of Structural Engineering, ASCE, 1985, 111(3): 654 - 666.

[133] Toothman A J. Monotonic and cyclic performance of light-frame shear wall with various sheathing material[D]. USA: Virginia Polytechnic Institute and State University, 2003.

[134] Stewart W G, Dean J A, Carr A J. The earthquake behavior of plywood sheathed shear walls[C]//Proceedings of World Conference on Timber Engineering, 1988.

[135] Dolan J D. The Dynamic response of timber shear walls[D]. Vancouver: University of British Columbia, 1989.

[136] Leiva-Aravena L. Behavior of timber-framed shear walls subjected to reversed cyclic lateral loading [C]//Proceedings of the 1996 International Wood Engineering Conference-Vol. 2, New Orleans: 201 - 206.

[137] Dolan J D, Heine C P. Sequential phased displacement cyclic tests of wood-frame walls with various openings and base restraint[R]. Virginia: Virginia Polytechnic Institute and State University, 1997.

[138] Lam F, Prion H, He M. Lateral resistance of wood shear walls with large sheathing panels[J]. Journal of Structural Engineering, ASCE, 1997, 123(12): 1666 - 1673.

[139] Johnson A C. Monotonic and cyclic performance of long shear walls with openings [D]. USA: Virginia Polytechnic Institute and State University, 1997.

[140] Heine C. The effect of tie-down anchorage on long shear walls with openings[D]. USA: Virginia Polytechnic Institute and State University, 1997.

[141] Dinehart D W, Shenton H W, Elliott T E. Comparison of static and dynamic response of timber shear walls[J]. Journal of Structural Engineering, ASCE, 1998, 124(6): 686 - 695.

[142] Karacabeyli E, Ceccotti A. Nailed wood-frame shear walls for seismic loads: test

results and design consideration[J]. Paper Reference Letter：T206 – 207.

[143] Shenton H W，Dinehart D W，Elliott T E. Stiffness and energy degradation of wood frame shear walls[J]. Canadian Journal of Civil Engieering，1998，25(3)：412 – 423.

[144] Yamaguchi N，Minowa C. Dyamic performance of wooden bearing walls by shaking table test[C]//Proceedings of 5th World Conference on Timber Engineering，1998，26 – 33.

[145] Salenikovich A J. Racking performance of light-frame shear walls[D]. USA：Virginia Polytechnic Institute and State University，2000.

[146] Chun N，Erol K. Capacity of shear wall segments without hold-down[J]. Wood Design Focus，2002，10 – 17.

[147] 程海江.轻型木结构抗震性能研究[D].上海：同济大学,2007.

[148] 闫新宇.轻型木结构剪力墙抗侧性能试验研究和有限元分析[D].哈尔滨：哈尔滨工业大学,2007.

[149] 管克俭·彭少民.空腔结构复合填充墙——钢框架抗侧力性能试验研究[J].世界地震工程,2003,19(3)：73 – 77.

[150] Henderson R C，Fricke K E，Jones W D，et al. Summay of a large and small-scale unreinforced masonry infill test program[J]. Journal of Structural Engineering，ASCE，2003，(2)：1667 – 1674.

[151] Tong X，Hajjar J F，Schultz A E，et al. Cyclic behavior of steel frame structures with composite reinforced concrete infill walls and partially-restrained connections[J]. Journal of Constructional Steel Research，2005，61：531 – 552.

[152] Barua H K，Mallick S K. Behaviour of mortar infilled steel frames under lateral load [J]. Building and Environment，1977，(12)：263 – 272.

[153] Polyakov S V. Masonry in framed buildings[R]. National Lending Library for Science and Technology，Boston，1963.

[154] Stafford S. Lateral stiffness of infilled frames[J]. Journal of Structural Engineering，1962，88(6)：183 – 199.

[155] Stafford S. Methods of predicting the lateral stiffness and strength of multi-story infilled frames[J]. Building Science，1967：247 – 257.

[156] Wood R H. Plasticity，composite action and collapse design of unreinforced shear wall panels in frames[C]. ICE Proceedings，1978，65：381 – 411.

[157] Asteris P G，Antoniou S T，Sophianopoulos D S，et al. Mathematical macromodeling of infilled frames：State of the art[J]. Journal of Structural Engineering，ASCE，2011，137：1508 – 1517.

[158] Dawe J L，Seah C K，Liu Y. A computer model for predicting infilled frame behavior

[J]. Canadian Journal of Civil Engineering，2001，(28)：133 - 148.

[159]　Nadjai A，Kirby P. Collapse of infilled steel frames with seimi-rigid connections[C]. Proceeding of Civil Engineers，1998，103 - 111.

[160]　Wael W，EI-Dakhakhni，Eigaaly M，et al. Three-strut model for concrete masonry-infilled steel frame[J]. Journal of Structural Engineering，ASCE，2003，129(2)：177 - 185.

[161]　Dawe J L，Liu Y，Seah C K. A parametric study of masonry infilled steel frames[C]. Canadian Journal of Civil Engineering，2001，(28)：149 - 157.

[162]　李国强，李欣，孙飞飞. 钢结构住宅体系墙板及墙板节点足尺模型振动台试验研究 [J].地震工程与工程振动,2003,23(1)：63 - 70.

[163]　李国强，方明霁，刘宜靖，等. 钢结构住宅体系加气混凝土外墙板抗震性能试验研究 [J].土木工程学报,2005,38(10)：27 - 31.

[164]　刘玉姝，李国强.带填充墙钢框架结构抗侧力性能试验及理论研究[J].建筑结构学 报,2005,26(3)：78 - 84.

[165]　中华人民共和国行业标准.建筑抗震试验方法规程(JGJ101 - 96)[S].北京：中国建 筑科学研究院,1997.

[166]　ISO 16670. Timber structures — Joints made with mechanical fasteners — Quasi-static reversed-cyclic test method[S]. Geneva，Switzerland，2003.

[167]　ASTM E2126. Standard test methods for cyclic (reversed) load test for shear resistance of vertical elements of the lateral force resisting systems for buildings[S]. West Conshohocken，USA，2009.

[168]　Tuomi R L，McCutcheon W J. Racking strength of light-frame nailed walls[J]. Journal of the Structural Division，Proceedings of the American Society Civil Engineers，1978，104(ST7)：1131 - 1140.

[169]　Itani R Y，Tuomi R L，McCucheon W J. Methodology to evaluate racking resistance of nailed walls[J]. Journal of Structural Engineering，ASCE，1982，32(1)：30 - 36.

[170]　McCutcheon W J. Racking deformations in wood shear walls[J]. Journal of Structural Engineering，ASCE，1985，111(2)：257 - 269.

[171]　Gutkowski R M，Castillo A L. Single and double sheathed wood shear wall study[J]. Journal of Structural Engineering，ASCE，1985，114(6)：1268 - 1284.

[172]　Ni C，Karacabeyli E，Ceccotti A. Design of shear walls with openings under lateral and vertical loads[C]//Pacific Timber Engineering Conference，1999，Vol. 4.

[173]　Foschi R O. Analysis of wood diaphragms and trusses. Part I：Diaphragms[J]. Canadian Journal of Civil Engineering，1977，4(3)：345 - 352.

[174]　Nateghi F. Analysis of wind forces on light-frame timber structures[D]. Columbia：

University of Missouri，1988.

[175] Folz B，Filiatrault A. Seismic analysis of wood-frame structures. I：Model Formulation［J］. Journal of Structural Engineering，ASCE，2004，130（9）：1353－1360.

[176] He M. Numeric modeling of three-dimensional light wood-framed building［D］. Canada：University of British Columbia，2002.

[177] Bryan F，Andre F. CASHEW-Version 1.0：A computer program for cyclic analysis of wood shear wall［R］. Division of Structural Engineering，University of California，San Diego，La Jolla，California，USA. 2000.

[178] Mi Hongyong. Behavior of unblock wood shear walls［D］. Canada：University of New Brunswick，2004.

[179] 周丽娜.高木剪力墙抗侧性能有限元分析[D].上海：同济大学,2007.

[180] Johnn P. Judd. Analytical Modeling of Wood-framed Shear Walls and Diaphragms ［D］. USA：Brigham Young University，2005.

[181] Xu J，Daniel F. Development of Nailed Wood Joint Element in ABAQUS[J]. Journal of Structural Engineering，ASCE，2009，(8)：968－976.

[182] Clough R W. Effect of stiffness degradation on earthquake ductility requirements［R］. Technical Report No. SESM 66－16，University of California，Berkeley，California，1966.

[183] Saiidi M，Sozen M A. Simple and complex models for nonlinear seismic response of reinforced concrete structures［R］. Structural Research Series No. 466，Civil Engineering Studies，University of Illinois at Urbana-Champaign，Urbana，Illinois，1979.

[184] Folz B，Filiatrault A F. SAWS-Version 1.0：A computer program for seismic analysis of woodframe buildings［R］. Report No. SSRP－2001/9，Structural Systems Research Project，Department of Structural Engineering，University of California,San Diego，La Jolla，California，2001.

[185] Foschi R O. Modeling the hysteretic response of mechanical connections for wood structures［C］//Proceedings of 6th World Conference on Timber Engineering，Whistler，Canada，2000.

[186] Foschi R O，Yao F，Rogerson D. Determining embedment response parameters from connector tests［C］//Proceedings of 6th World Conference on Timber Engineering，Whistler，Canada，2000.

[187] Li M，Foschi R O，Lam F. Modeling hysteretic behavior of wood shear walls with a protocol-independent nail connection algorithm[J]. Journal of Structural Engineering，

ASCE，2012，138(1)：99 - 108.

[188] Gu J，Lam F. Simplified mechanics-based wood frame shear wall model［C］// Proceedings of 13th World Conference on Earthquake Engineering. Paper No. 3109，Vancouver Canada，2004.

[189] Li M，Lam F. Lateral performance of nonsymmetric diagonal-braced wood shear walls ［J］. Journal of Structural Engineering，ASCE，2009，135(2)：178 - 186.

[190] Li M，Lam F，Foschi R O. Seismic reliability analysis of diagonal-braced and structural-panel-sheathed wood shear walls［J］. Journal of Structural Engineering，ASCE. 2009，135(5)：587 - 596.

[191] Li M，Lam F，Foschi R O，et al. Seismic performance of post-and-beam timber buildings I：model development and verification［J］. Journal of Wood Science，2012，58(1)：20 - 30.

[192] Li M. Seismic performance of post-and-beam wood buildings［D］. Canada：University of British Columbia，2009.

[193] Eurocode - 3，ENV — 1993 - 1 - 1. Design of Steel Structures［S］. Commission of the European Communities，European Prenorm，Brussels，Belgium，1992.

[194] Steenhuis C M，Gresnigt N，Weynand K，Pre-design of semi-rigid joints in steel frames［C］//Proceedings of the Second State of the Art Workshop，COST C1，Prague，131 - 140，1994.

[195] 2012 Internationl Building Code （IBC）［S］. International Code Council，Inc. USA，2011.

[196] 赵国藩，曹居易，张宽权.工程结构可靠度［M］.北京：科学出版社，2011.

[197] Cornell C A. A probability based structural systems［J］. Journal of American Concrete Institute，1969，66(12)：974 - 985.

[198] Hasofer A M，Lind N C. Exact and invariant second moment code format［J］. Journal of the Engineering Mechanics Division，1974，100：111 - 121.

[199] Rackwitz R，Fiessler B. Structural reliability under combined random load sequences ［J］. Computers and Stuctures，1978，9：489 - 494.

[200] Ditlevsen O. Generalized second moment reliability index［J］. Journal of Structural Mechanics，1979，7：435 - 451.

[201] Chen X，Lind N C. Fast probability integration by three-parameter normal tail approximation［J］. Structural Safety，1983，1：269 - 276.

[202] Hohenbichler M，Rackwitz R. First-order concepts in system reliability ［J］. Structural Safety，1983，1(3)：177 - 188.

[203] Koyluoglu H U，Nielsen S R. New approximations for SORM integrals ［J］.

Structural Safety，1994，13：235 - 246.

［204］ Zhao Y G，Ono T. Moment methods for structural reliability[J]. Structural Safety，2001，23(1)：47 - 75.

［205］ Der Kiureghian A，De Stefano M. Efficient algorithm for second order reliability analysis[J]. Journal of Engineering Mechanics，1991，117(12)：2904 - 2923.

［206］ Au S K，Beck J L. A new adaptive importance sampling scheme for reliability calculations[J]. Structural Safety，1999，21(2)：135 - 158.

［207］ Nie J，Ellingwood B R. Directional methods for structural reliability analysis[J]. Structural Safety，2000，22(3)：233 - 249.

［208］ Olsson A，Sandberg G E，Dahlblom O. On latin hypercube sampling for structural reliability analysis[J]. Structural Safety，2003，25(1)：47 - 68.

［209］ Au S K，Ching J，Beck J L. Application of subset simulation methods to reliability benchmark problems[J]. Structural Safety，2007，29(3)：183 - 193.

［210］ Pradlwarter H J，Schuëller G I，Koutsourelakis P S. Application of line sampling simulation method to reliability benchmark problems[J]. Structural Safety，2007，29(3)：208 - 221.

［211］ Federal Emergency Management Agency (FEMA). Prestandard and commentary for the seismic rehabilitation of buildings[S]. Washington，D. C.，USA，2000.

［212］ Rosowsky D，Ellingwood B. Performance-based engineering of wood frame housing：Fragility analysis methodology[J]. Journal of Structural Engineering，ASCE，2002，128(1)：32 - 38.

［213］ Rosowsky D. Reliability-based seismic design of wood shear walls[J]. Journal of Structural Engineering，ASCE，2002，128(11)：1439 - 1453.

［214］ Kim J H，Rosowsky D. Fragility analysis for performance-based seismic design of engineered wood shearwalls[J]. Journal of Structural Engineering，ASCE，2005，131(11)：1764 - 1773.

［215］ van de Lindt J W，Walz M A. Development and application of wood shear wall reliability model[J]. Journal of Structural Engineering，ASCE，2003，129 (3)：405 - 413.

［216］ Gu J，Lam F，Foschi R O. Comparison of seismic performance of Japanese wood shear walls[C]//Proceedings of the 9th World Conf. on Timber Engineering，2006，Portland，USA.

［217］ Ceccotti A，Foschi R O. Reliability assessment of wood shear walls under earthquake excitation[C]//Proceedings of International Conference on Computational Stochastic Mechanics，Santorini，Greece，1998.

[218] Foliente G C. Reliability assessment of timber shear walls under earthquake loads [C]//Proceedings of the 12th World Conf. on Earthquake Engineering, Paper No. 612, 2000.

[219] Paevere P, Foliente G C. Hysteretic pinching and degradation effects on dynamic response and reliability[C]//Proceedings of International Conference on Applications of Statistics and Probability, Sydney, Australia, 2000.

[220] Zhang J. Performance-based seismic design using designed experiments and neural networks[D]. Canada: University of British Columbia, 2003.

[221] Sjoberg B, Prion H, Foschi R O. Probabilistic software for seismic response of timber structures [C]//Proceedings of the 8th World Conference on Timber Engineering, Lahti, Finland, 2004.

[222] Foschi R O. Modeling the Structural behavior, reliability and performance of Japanese post-and-beam walls [C]//Research report prepared for Coast Forest Lumber Association. University of British Columbia, Vancouver, Canada, 2005.

[223] Rosowsky D, Yu G, Ellingwood B. Reliability of light-frame wall systems subject to combined axial and transverse loads[J]. Journal of Structural Engineering, ASCE, 2005, 131(9): 1444-1455.

[224] Wang C, Foliente G C. Seismic reliability of low-rise nonsymmetric woodframe buildings[J]. Journal of Structural Engineering, ASCE, 2006, 132(5): 733-743.

[225] Song J, Ellingwood B. Seismic reliability of special moment steel frames with welded connections: I[J]. Journal of Structural Engineering, ASCE, 1999, 125 (4): 357-371.

[226] Song J, Ellingwood B. Seismic reliability of special moment steel frames with welded connections: II[J]. Journal of Structural Engineering, ASCE, 1999, 125 (4): 372-384.

[227] Ellingwood B. Earthquake risk assessment of building structures[J]. Reliability Engineering & System Safety, 2001, 74(3): 251-262.

[228] Kinali K, Ellingwood B. Seismic fragility assessment of steel frames for consequence-based engineering: A case study for Memphis, TN[J]. Engineering Structures, 2007, 29(6): 1115-1127.

[229] Li Q, Ellingwood B. Damage inspection and vulnerability analysis of existing buildings with steel moment-resisting frames[J]. Engineering Structures, 2008, 30(2): 338-351.

[230] Wang C, Wen Y. Evaluation of pre-Northbridge low-rise steel buildings. II: reliability [J]. Journal of Structural Engineering, ASCE, 2000, 126 (10):

1169 – 1176.

[231] Yun S, Hamburger R, Cornell C, et al. Seismic Performance Evaluation for Steel Moment Frames[J]. Journal of Structural Engineering, ASCE, 2002, Special issue: Steel moment frames after Northridge-PART II: 534 – 545.

[232] Lee K, Foutch D. Performance Evaluation of Damaged Steel Frame Buildings Subjected to Seismic Loads[J]. Journal of Structural Engineering, ASCE, 2004, 130(4): 588 – 599.

[233] Kazantzi A K, Righiniotis T D, Chryssanthopoulos M K. Fragility and hazard analysis ofa welded steel moment resisting frame[J]. Journal of Earthquake Engineering, 2008, 12(4): 596 – 615.

[234] Kazantzi A K, Righiniotis T D, Chryssanthopoulos M K. A simplified fragility methodology for regular steel MRFs[J]. Journal of Earthquake Engineering, 2011, 15(3): 390 – 403.

[235] Jin J. El-Tawil S. Seismic performance of steel frames with reduced beam section connections[J]. Journal of Constructional Steel Research, 2005, 61(4): 453 – 471.

[236] Roeder C, Lumpkin E, Lehman D. Seismic Performance Assessment of Concentrically Braced Steel Frames[J]. Earthquake Spectra, 2012, 28(2): 709 – 727.

[237] Ellingwood B, Taftali B, DesRoches R. Seismic performance assessment of steel frames with shape memory alloy connections, part II — probabilistic seismic demand assessment[J]. Journal of Earthquake Engineering, 2010, 14(5): 631 – 645.

[238] van de Lindt J W, Liu H. Correlation of observed damage and FEMA 356 drift limits: Results from one-story wood-frame house shake table tests[C]//ASCE structure conference, 2006.

[239] Liang H, Wen Y K, Foliente G C. Damage modeling and damage limit state criterion for wood-frame buildings subjected to seismic loads[J]. Journal of Structural Engineering, ASCE, 2011, 137(1): 41 – 48.

[240] ASCE/SEI - 41. Seismic Evaluation and Retrofit of Existing Buildings[S]. American Society of Civil Engineers, Reston, VA, 2013.

[241] 中华人民共和国国家标准. 建筑结构抗震设计规范(GB 50011 - 2011)[S]. 北京: 中国建筑工业出版社,2011.

[242] Cornell C A, Jalayer F, Hamburger R O, et al. Probabilistic Basis for 2000 SAC Federal Emergency Management Agency Steel Moment Frame Guidelines[J]. Journal of Structural Engineering, ASCE, 2002, 128(4): 526 – 533.

[243] Box G, Wilson K B. The exploration and exploitation of response surfaces: some general considerations and examples[J]. Biometrics, 1954, 10: 16 – 60.

[244] Bucher C G，Bourgund U. A fast and efficient response surface approach for structural reliability problems[J]. Structural Safety，1990，7(1)：57-66.

[245] Möller O，Foschi R O. Reliability evaluation in seismic design：a response surface methodology[J]. Earthquake Spectra，2003，19(3)：579-603.

[246] Vanessa S C. Dynamic characteristics of wood frame buildings[D]. USA：California Institute of Technology，2003.

[247] 上海市工程建设规范.轻型木结构建筑技术规程(DG/TJ08-2059-2009)[S].上海：2009.

后　记

　　本书是在导师何敏娟教授和 Frank Lam 教授的悉心指导下完成的，从文章选题、试验设计、理论分析到撰写成文，无不倾注了导师的心血和汗水，在此谨表最诚挚的感谢！

　　何老师渊博的知识、锐意开创的科研精神、严谨的治学态度和忘我的工作作风无不令我敬佩之极。从导师的言传身教中，我学习了如何做学问、如何做事、如何做人，同时，也对科研工作产生了浓厚兴趣，对导师的感激之情无以言表。自进入同济大学建筑工程系高耸结构研究室以来，亦得到了马人乐教授在科研工作上的悉心指导，在此一并表示衷心感谢。马老师高瞻远瞩的科研视野、丰富的实践经验和对事物本质的清晰洞察一直是我学习的榜样。同时，还要衷心感谢研究室陈俊岭副教授在科研工作中对我的帮助，以及焦燏烽、马仲等研究室众多兄弟姐妹对我始终的支持和帮助。

　　2012 年，我赴加拿大 University of British Columbia（UBC）进行为期两年的博士联合培养学习，在副导师 Frank Lam 教授的指导下，完成了博士学位论文的后半部分。作为世界顶尖的木结构研究学者之一，Lam 教授对木结构相关体系本质机理的深刻阐述和深厚研究功底令我深深折服。在 UBC 的两年学习中，得到 Lam 教授在木结构高级数值模拟技术和结构可靠度分析方法上的悉心指导，收获极大。同时，还得到了 Minghao Li 博士在科研、学习和生活上等诸多方面的无私帮助，在此表示衷心感谢。回想在 UBC 的学习生活，结识了众多好友，感谢你们对我的支持和帮助，我们定有机会再次相见。

　　多年来，夜以继日的学习和工作始终得到父母的理解和帮助，你们对我的支持是我在困难面坚持不懈的不竭动力，在此对你们表示深深的谢意。

李　征